Fiedler | Fünfstück

Heimische Vögel ganz nah

Wolfgang Fiedler
Hans-Joachim Fünfstück

Heimische Vögel ganz nah

111 häufige Arten schnell und sicher unterscheiden

2., überarbeitete Auflage

unter Mitarbeit von Hans-Heiner Bergmann

Quelle & Meyer Verlag Wiebelsheim

Dr. Wolfgang Fiedler
Max-Planck-Institut für Verhaltensbiologie
Vogelwarte Radolfzell
Am Obstberg 1
D-78315 Radolfzell

Hans-Joachim Fünfstück
Gsteigstr. 43
D-82467 Garmisch-Partenkirchen

Bibliografische Information der Deutschen Nationalbibliothek
Die Deutsche Nationalbibliothek verzeichnet diese Publikation in der Deutschen Nationalbibliografie; detaillierte bibliografische Daten sind im Internet über http://dnb.d-nb.de abrufbar.

2., überarbeitete Auflage

www.quelle-meyer.de

Umschlagabbildungen: vorne und hinten links: H.-J. Fünfstück; hinten rechts: H. Kusche

Druck und Verarbeitung: Print Consult GmbH, München
Printed in Europe/Imprimé en Europe
ISBN 978-3-494-01945-1

Inhaltsverzeichnis

Abkürzungen und Glossar 9

Einleitung 15

Die ersten Schritte zur Vogelbestimmung 19

Literaturempfehlungen 27

Familien

Fasanverwandte

28 Rebhuhn

29 Jagdfasan

Entenverwandte

30 Kanadagans

31 Graugans

32 Tundrasaatgans

33 Blässgans

34 Höckerschwan

35 Nilgans

36 Brandgans

37 Stockente

38 Krickente

39 Pfeifente

40 Tafelente

41 Reiherente

42 Gänsesäger

Segler

43 Mauersegler

Kuckucke

44 Kuckuck

Tauben

45 Straßentaube

46 Ringeltaube

47 Türkentaube

Rallen

48 Teichhuhn

49 Blässhuhn

Kraniche

50 Kranich

Lappentaucher

51 Zwergtaucher

52 Haubentaucher

Austernfischer

53 Austernfischer

Regenpfeiferverwandte

54  Kiebitz

55  Flussregenpfeifer

Schnepfenverwandte

56  Brachvogel

57  Flussuferläufer

Möwenverwandte

58  Lachmöwe

59  Heringsmöwe

60  Silbermöwe

62  Mittelmeermöwe

63  Flussseeschwalbe

Störche

64  Weißstorch

Scharben

65  Kormoran

Reiher

66  Graureiher

67  Silberreiher

Habichtverwandte

68  Sperber

69  Rotmilan

70  Schwarzmilan

71  Mäusebussard

Schleiereulen

72  Schleiereule

Eulen

73  Waldkauz

74  Steinkauz

75  Waldohreule

Eisvögel

76  Eisvogel

Spechte

77  Buntspecht

78  Schwarzspecht

79  Grünspecht

Falken

80  Turmfalke

81  Wanderfalke

Würger

82 Neuntöter

Krähenverwandte

83 Eichelhäher

84 Elster

85 Dohle

Krähenverwandte

86 Saatkrähe

87 Rabenkrähe

88 Nebelkrähe

89 Kolkrabe

Meisen

90 Tannenmeise

91 Haubenmeise

92 Sumpfmeise

93 Blaumeise

94 Kohlmeise

Lerchen

95 Feldlerche

Schwalben

96 Uferschwalbe

97 Rauchschwalbe

98 Mehlschwalbe

Schwanzmeisen

99 Schwanzmeise

Laubsänger

100 Fitis

101 Zilpzalp

Rohrsängerverwandte

102 Teichrohrsänger

103 Sumpfrohrsänger

Grasmückenverwandte

104 Mönchsgrasmücke

105 Gartengrasmücke

106 Dorngrasmücke

Goldhähnchen

107 Sommergoldhähnchen

108 Wintergoldhähnchen

Zaunkönige

109 Zaunkönig

Kleiber

110 Kleiber

Baumläufer

111 Waldbaumläufer

112 Gartenbaumläufer

Starenverwandte

113 Star

Drosseln

114 Amsel

115 Wacholderdrossel

116 Singdrossel

117 Misteldrossel

Schnäpperverwandte

118 Grauschnäpper

119 Rotkehlchen

120 Nachtigall

121 Hausrotschwanz

122 Gartenrotschwanz

Sperlinge

123 Haussperling

124 Feldsperling

Braunellen

125 Heckenbraunelle

Stelzenverwandte

126 Schafstelze

127 Gebirgsstelze

128 Bachstelze

129 Wiesenpieper

Finkenverwandte

130 Buchfink

131 Kernbeißer

132 Gimpel

133 Grünfink

134 Bluthänfling

135 Fichtenkreuzschn.

136 Stieglitz

137 Girlitz

138 Erlenzeisig

Ammern

139 Goldammer

Bildnachweis 140
Register der deutschen Vogelnamen 142
Register der wissenschaftlichen Vogelnamen 144
Register der englischen Vogelnamen 146
Register der französischen Vogelnamen 147
Register der italienischen Vogelnamen 149
Register der spanischen Vogelnamen 150

Die Autoren 152

Abkürzungen und Glossar

[ ] (eckige Klammern): siehe Superspezies

♀, W: Weibchen

♂, M: Männchen

1. Winter: Im Zusammenhang mit Gefiederkleidern ist der erste Winter nach der Geburt (also etwa ein halbes Jahr nach dem Schlupf) gemeint.

2. Sommer, 3. Sommer usw.: In diesem Buch: Sommer des zweiten, dritten usw. Lebensjahres. In der Literatur wird der Sommer des 2. Lebensjahres nicht selten als „erster Sommer" (vermutlich erster Sommer nach dem Juvenilkleid) bezeichnet, obwohl der Vogel während oder kurz nach der Zeit im Nest ja bereits ebenfalls einen Sommer erlebt hat.

Achselfedern: körpernahe Federn des Unterflügels

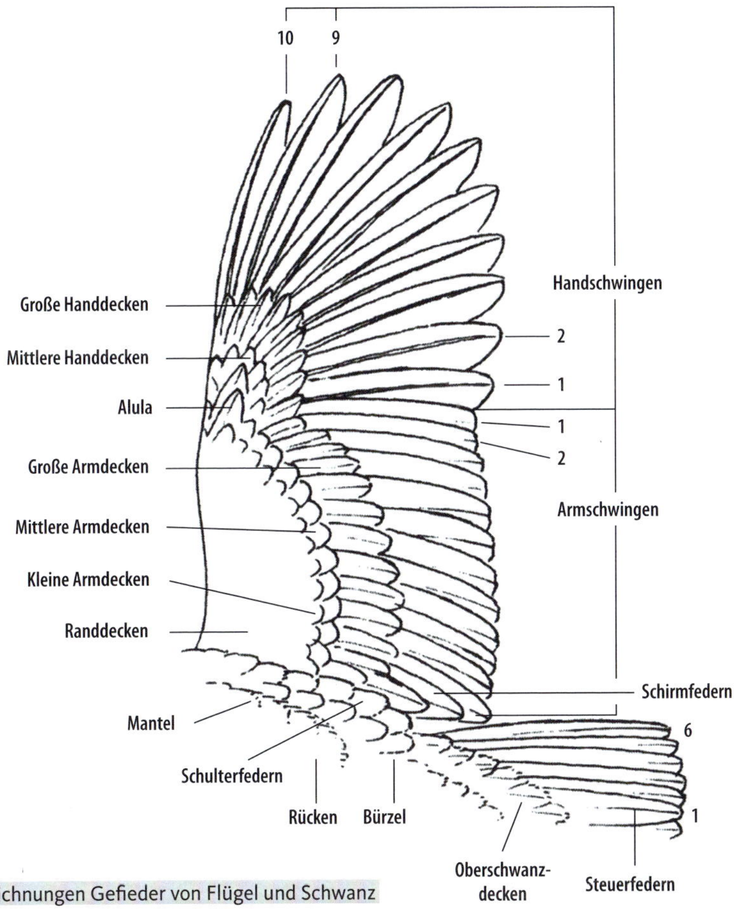

Bezeichnungen Gefieder von Flügel und Schwanz

adult, ad., Adultus: Geschlechtsreifer Vogel. Bei Singvögeln in der Regel nach knapp einem Jahr, bei Großvögeln mitunter erst nach mehr als 5 Jahren.

Adultkleid: Kleid des adulten Vogels: Jahres-, Pracht- oder Schlichtkleid, im Unterschied zum Jugendkleid (siehe dort).

Alterskleid: siehe Adultkleid.

Armschwingen (AS): Am Arm (an der Elle, Ulna) entspringende Flügelfedern. Die Anzahl ist variabel, bei Singvögeln beträgt sie allgemein neun. Die innersten drei (AS 7–9) stellen dabei die Schirmfedern dar. Die Zählung erfolgt aszendent, also von außen nach innen (zum Körper hin). In dieser Reihenfolge werden die AS (außer AS 7–9) auch vermausert.

Balz, Balzverhalten: Verhaltensweisen, die zur Paarbildung, Festigung des Paarzusammenhaltes und zur Einleitung der Begattung dienen.

Balzflug: Eigentlich nur Flüge in unmittelbarem Zusammenhang mit der Balz, häufig aber auch allgemein für Singflüge, Imponierflüge usw. gebraucht, die mehr der Reviermarkierung dienen. Hier wird auch präziser von „Singflügen", „Ausdrucksflügen" oder „Schauflügen" gesprochen.

Brutkleid: (= Prachtkleid). Nur während der Fortpflanzungzeit getragenes Federkleid, was z. B. bei Entenvögeln auch schon oft im Herbst des Vorjahres der Brut der Fall ist.

Bürzel: Federpartie am Grund des Schwanzes auf der Körperoberseite.

diesjährig: Der Vogel ist im laufenden Kalenderjahr geschlüpft.

Dunen: (= Daunen) Die ersten Federn eines Vogels. Sie besitzen keine festen Fahnen, sondern feine Äste gehen strahlig von der Federbasis aus, sie dienen hauptsächlich der Wärmeisolation. Auch Altvögel können Dunen tragen, in vielen Fällen ist aber auch der basale Teil der Konturfedern als Dunen ausgebildet.

Dunenjunges: Jungvogel im ersten Federkleid, das ganz aus Dunen besteht.

einjährig, Einjährige: Vögel, die ungefähr ein Jahr alt sind (also vorjährig).

Endbinde: Bandförmiger Streifen am Ende des Schwanzes oder auch am Ende einzelner Federn, der durch kontrastierende Färbung der Federspitzen entsteht.

Farbvariante: Meistens nicht an das Geschlecht oder Alter gebundene Ausprägung der Gefieder-Grundfarbe, z. B. die braune und die graue Variante beim Waldkauz. Es handelt sich dabei um synchron in denselben Populationen vorkommende Formen, also nicht um Rassemerkmale.

Federzeichnung: Durch unterschiedliche Färbung und Schattierung hervorgerufenes Muster auf der Feder. Die Muster können dabei durch Farbstoffeinlagerungen, durch Strukturfarben oder durch Abnutzung und Bleichung von Federn variieren.

Flügelbinde, Flügelband: Federfärbung am Flügel eines Vogels, die im Verbund der Federn eine Binde ergibt.

Flügeldecken: Deckfedern der Flügel, die die Basis der großen Schwungfedern sowie Haut und Knochen bedecken. Die Flügeldecken der Oberseite des Flügels werden auch als Oberflügeldecken bezeichnet, diejenigen der Flügelunterseite als Unterflügeldecken. Je nach Position werden außerdem Kleine, Mittlere und Große Decken sowie Arm- und Handflügeldecken unterschieden.

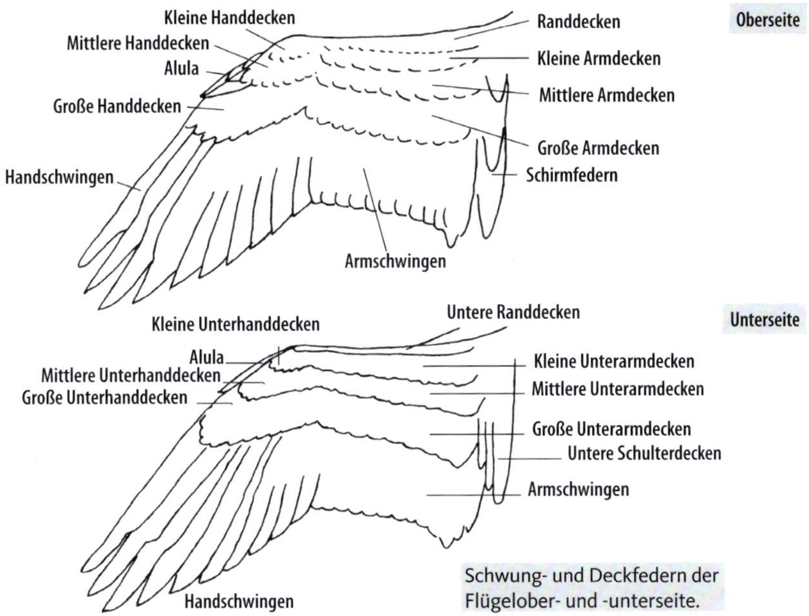

Schwung- und Deckfedern der Flügelober- und -unterseite.

Flügelspiegel: auffällig gefärbter, oft schwarz und weiß sowie metallisch glänzende Farben enthaltender Streifen im Armflügel der Entenvögel

flügge: Bezeichnung für die Altersstufe eines voll befiederten, flugfähigen Jungvogels, der in der Regel ausgewachsen ist, größere Ortsveränderungen durchführen kann und nicht mehr von elterlicher Fürsorge abhängig ist.

gesperbert: siehe Sperberung.

Große Armdecken: Deckfedern auf dem körpernahen Teil (Arm) des Oberflügels. Sie überdecken hauptsächlich die Basis der Armschwingen.

Große Flügeldecken: Große Handdecken und Große Armdecken zusammengefasst

Große Handdecken: Deckfedern auf dem körperfernen Teil (Hand) des Oberflügels. Sie überdecken hauptsächlich die Basis der Handschwingen.

Große Oberflügeldecken: Siehe Große Flügeldecken. Es sind explizit die Deckfedern der Flügeloberseite gemeint. In der Regel ist das aber auch dann der Fall, wenn der Begriff „Ober-“ weggelassen wird.

Handdecken: Federpartien auf dem Handflügel. Man unterscheidet zwischen Kleinen, Mittleren und Großen Handdecken (korrekt wäre hier der Begriff „Oberhanddecken“, was aber selten benutzt wird) auf dem Oberflügel und Kleinen, Mittleren und Großen Unterhanddecken auf dem Unterflügel. Die Großen Decken überdecken die Basis der Schwungfedern, die Mittleren Decken die Basis der Großen Decken und die Kleinen Decken unter anderem die Basis der Mitleren Decken.

Handschwingen: Bezeichnet die am Handskelett entspringenden Flügelfedern. Bei den meisten Vogelgruppen sind es 10, bei Lappentauchern, Störchen und Flamingos 11. Sperlingsvögel haben ebenfalls 10 HS, doch ist die äußerste Handschwinge (HS 10) bei zahlreichen Singvogelfamilien reduziert, bei einigen Familien (z. B. Fringillidae, Emberizidae) ist sie sehr klein.

Hybrid: Individuum, das aus einer Mischpaarung von Individuen verschiedener Arten oder Semispezies hervorgegangen ist (F1-Hybrid). Pflanzt sich dieses Individuum mit einem Partner aus einem der Elterntaxa fort, entstehen Rückkreuzungshybriden.

immatur: Jungvogel nach der Mauser des Juvenilkleides und vor Eintritt in die Geschlechtsreife. Bei Vögeln, die erst nach Abschluß des ersten Lebensjahres geschlechtsreif werden, sind die Kleider immaturer Vögel oft deutlich von den Adultkleidern zu unterscheiden.

Iris: Meist farbiger Ring im Auge, der die Pupillenöffnung umgibt. Bei einigen Vogelarten gibt die Irisfarbe Hinweise auf Alter oder Geschlecht.

Jugendkleid: Nicht weiter differenzierter Begriff für das Federkleid zwischen Dunenkleid und Adultkleid, der das späte Juvenilkleid (mit bereits erschienenen Schwungfedern) und ein eventuell vorhandenes Immaturkleid umfassen kann. Bei vielen Vogelgruppen, z. B. Drosseln, Möwen und Hühnervögeln, unterscheidet es sich deutlich von den später folgenden Kleidern.

Jungvogel: Vogel in den ersten Monaten seines Lebens, längstens bis zum Frühjahr nach dem Geburtsjahr.

juvenil: Altersbezeichnung für einen Jungvogel im ersten Federkleid. Dieses kann in mehreren Phasen angelegt werden (z. B. zunächst Dunen, dann Deck und Schwungfedern).

Juvenilkleid: Gefiederkleid des juvenilen Vogels.

Kinnstrich: streifenförmige Gefiederfärbung in der Kinnregion.

Kleingefieder: Vor allem die Körper- und Flügeldecken, aber auch Dunen und andere kleine Federtypen. Ausgeschlossen sind nur die Federn des Großgefieders (Schwungfedern des Flügels und Steuerfedern des Schwanzes sowie die Alulafedern).

Küken: Jungvogel im Dunenkleid, nur für bestimmte Vogelgruppen gebräuchlich: meist bei Nestflüchtern und bei Greifvögeln und Eulen.

Limikole: Vertreter der Watvögel (Strandläufer, Wasserläufer, Regenpfeifer usw.). Typische Vögel von Watt-, Schlick- und anderen Nassbereichen, oft mit langen Schnäbeln und langen Beinen.

Mantel: Federpartie auf der Oberseite des Vogels zwischen den Flügeln.

Maske: Dunkle Partie des Kopfgefieders, z. B. bei männlichen Neuntötern, die an eine Gesichtsmaske erinnern.

Mauser: Der Vorgang des Gefiederwechsels, bestehend aus Ausfallen der alten Federn und Wachstum der neuen Federn. Der Begriff kann sich auf das ganze Individuum beziehen („der Vogel ist in der Mauser", d. h. er ersetzt gerade seine Federn durch neue) oder auf Gefiederteile („die Oberschwanzdecken sind frisch vermausert", d. h. sie wurden gerade durch neue ersetzt) oder auf eine einzelne Feder („HS8 ist noch unvermausert", d. h. HS8 ist schon älter und wurde noch nicht erneuert).

Mittlere Decken: Die Reihe mit den zweitgrößten Deckfedern an der Basis der Schwungfedern. Liegen auf den Großen Armdecken.

Neozoon: Nicht-heimische, eingeführte, entkommene oder bewusst ausgesetzte Art, die nach gängiger Definition im Jahr 1491 noch nicht im fraglichen Gebiet vorkam. Ein Neozoon gilt als etabliert, wenn es sich über mindestens 3 Generationen oder 25 Jahre ohne menschliches Zutun im nicht-angestammten Areal fortgepflanzt hat.

Nestflüchter: Jungvögel, die mit Dunengefieder schlüpfen und bereits nach sehr kurzem Aufenthalt im Nest dieses verlassen und von Altvögeln herumgeführt werden (Beispiel: Hühner und Enten).

Nesthocker: Jungvögel, die in der Regel nackt schlüpfen, relativ hilflos sind und meist bis zum Flüggewerden im Nest bleiben und dort von den Eltern versorgt werden (Beispiel: Tauben oder Finken).

Oberflügeldecken: Die Deckfedern der Flügeloberseite. Zu diesen gehören die Handdecken, die Kleinen, Mittleren und Großen Armdecken. Insbesondere Mausergrenzen in diesen Gefiederbereichen können bei der Altersbestimmung hilfreich sein.

Population: Gesamtheit der Individuen einer Art, die ein bestimmtes Areal besiedeln und damit geographisch mehr oder weniger von anderen Gruppen derselben Art getrennt sind. Unter den Individuen einer Population herrscht freier Genaustausch. Populationen derselben Art (bzw. deren Mitglieder) sind untereinander uneingeschränkt fortpflanzungsfähig.

Prachtkleid: Meist zur Brutzeit getragenes, voll ausgefärbtes Alterskleid, im Gegensatz zum Schlichtkleid. Wird entweder durch Mauser, oft Teilmauser, erworben, oder, wie bei vielen Singvögeln, durch Abnutzung überdeckender Federsäume, z. B. bei Star, Gartenrotschwanz, Buch- und Bergfink. Gleichbedeutend mit Brutkleid.

Pullus, Pulli: Eigentlich ein noch nicht flugfähiger Jungvogel. Meist aber nur für die überwiegend mit Dunen befiederten Küken von Nestflüchtern genutzt.

Rütteln: Fliegen auf der Stelle.

Schaftstrich: Musterung auf dem Schaft (stabilen, zentralen Teil) der Vogelfeder

Scheitelfedern: Federpartie auf der Kopfoberseite

Scheitelstreif: streifenförmige Federpartie in der Scheitelregion des Kopfes

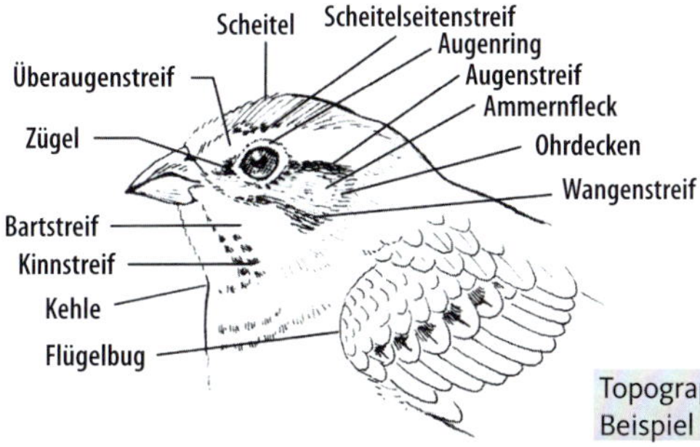

Topographie des Vogelkopfes am Beispiel einer Ammer.

Schirmfedern: Die innersten (körpernahen) Armschwingen, bei Sperlingsvögeln allgemein drei, die besonders starkem Abrieb ausgesetzt sind. Sie sind meist symmetrischer und oft anders gefärbt als die Armschwingen und bedecken beim zusammengefalteten Flügel die anderen Flügelfedern teilweise.

Schlichtkleid: Früher auch als Ruhekleid bezeichnetes Federkleid, das als Gegenstück zum Prachtkleid von adulten Vögeln meist nach Ende der Brutzeit angelegt wird und oft weniger auffällig als das Prachtkleid ist.

Schwanzdecken: Deckfedern am Ansatz der großen Schwanzfedern.

Schwanzwippen (Schwanzzittern): wiederholt gezeigte, rasche, wippende Auf- und Abbewegung des Schwanzes.

Schwungfeder: Flugfeder des Hand- oder Armflügels.

Sperberung: Begriff für eine an den Sperber *(Accipiter nisus)* erinnernde wellenförmige Zeichnung (Querbänderung) des Gefieders („gesperbert").

Superspezies: Sehr eng verwandte Arten, die traditionell meist zu einer Art zusammengefasst wurden, von denen inzwischen aber klar ist, dass sie sich bei der Fortpflanzung in aller Regel nicht vermischen. Der älteste existierende Artname wird in eckige Klammern gesetzt (z. B. *Motacilla [flava]*). Aus Gründen der Übersichtlichkeit ist die Nennung als Superspezies in diesem Buch zugunsten einfacher Artnennung meistens weggelassen, wenn sich daraus keine zusätzlichen Informationen (z. B. Hinweise auf sehr ähnliche Arten) ergeben.

Überaugenstreif: Streifenförmige Federpartie direkt über dem Auge, auch als Superziliarstreif bezeichnet.

Übergangskleid: Kleid, das Merkmale zweier verschiedener Kleider gleichzeitig aufweist, z. B. bei der Mauser vom Pracht- zum Schlichtkleid.

Unterschnabel: der unterhalb des Schnabelspaltes gelegene Teil des Schnabels.

vorjährig: Altersbezeichnung, im vorherigen Kalenderjahr geborener Vogel.

Einleitung

Mit diesem Buch richten wir uns an Einsteigerinnen und Einsteiger in der Vogelbeobachtung und Vogelbestimmung und stellen eine Auswahl von 111 Vogelarten vor, die in Mitteleuropa beobachtet werden können. Wir haben uns dabei auf Arten beschränkt, die besonders oft zu sehen oder besonders auffällig sind und die daher dem allgemein interessierten Laien ins Auge stechen. Die Auswahl der Arten erfolgte dabei nicht nach objektiven Kriterien, wie der Größe von Brutbeständen oder Gastvogelzählungen, sondern basiert auf der Erfahrung aus jahrzehntelanger eigener Vogelbeobachtung und den Fragen zur Vogelbestimmung, die uns regelmäßig aus der Bevölkerung erreichen.

Nach Erscheinen der ersten Auflage erreichten uns Kritiken und Vorschläge zur Auswahl der Arten. Die Anregungen, welche Arten weggelassen und welche aufgenommen werden müssten, waren jedoch dabei keinesfalls einheitlich, was zeigt, dass wir wie wohl viele andere Vogelbeobachterinnen und Vogelbeobachter eine sehr individuelle und mit Sicherheit auch vom Wohnort abhängige Vorstellung davon haben, welche Vogelarten häufig anzutreffen sind. Dennoch haben wir einige kleinere Änderungen der behandelten Arten vorgenommen. Ab der 2. Auflage sind in unserem 111 Arten umfassenden Buch alle 75 Vogelarten enthalten, die zum Erreichen des „Bronze-Status" bei der Qualifizierung und Zertifizierung von Artenkennerinnen und Artenkennern des Bundesweiten Arbeitskreis der staatlich getragenen Umweltbildungsstätten Natur- und Umweltschutz (BANU) zumindest im Brut- bzw. Prachtkleid erkannt werden müssen. Diese Vogelarten sind durch ein Symbol gekennzeichnet .

Eine ausführliche Fassung, die 614 in Mitteleuropa beobachtete Vogelarten behandelt, ist bei Quelle & Meyer unter dem Titel „Die Vögel Mitteleuropas – Das große Fotobestimmungsbuch" erhältlich. Wir denken jedoch, dass Einsteiger von einer solchen Gesamtliste eher verschreckt werden können und sich zunächst gerne einem kostengünstigeren und übersichtlicheren Bestimmungsbuch zuwenden möchten.

Die Reihenfolge, in der die Arten abgehandelt werden, folgt der Artenliste der Vögel Deutschlands. Dies erfordert bei Neulingen in der Vogelkunde zwar eine gewisse Einarbeitungszeit, hat gegenüber einer alphabetischen Ordnung aber den entscheidenden Vorteil, dass verwandte Arten, die oft auch ähnliche Merkmale tragen, im Buch beieinander stehen.

Die Fotos zeigen die einzelnen Arten in ihren verschiedenen Kleidern, die je nach Alter und Jahreszeit sehr unterschiedlich sein können. In vielen Büchern sind meist nur die schmucken Männchen und weniger die eher auf Tarnung bedachten Weibchen abgebildet. Nimmt man z. B. die Amsel, so ist es bis zum Ende des ersten Winters möglich, alte und vorjährige Männchen an der Schnabelfarbe und an einer Mausergrenze in den großen Decken zu unterscheiden. Und vielleicht wollen Sie einmal wissen, ob mehr alte oder vorjährige Männchen in ihrem Garten zu Hause sind. Aber auch Entenmännchen im Schlichtkleid, die manchmal sehr ähnlichen Entenweibchen sowie Rotkehlchen im völlig braunen gefleckten Jugendkleid bereiten Neulingen in der Vogelbeobachtung Schwierigkeiten. Selbstverständlich ist es nicht möglich, alle Übergänge oder Mauserstadien zu zeigen. Es war uns aber ein Anliegen, zumindest die gängigsten Kleider abzubilden.

Dieses Buch soll zur Bestimmung von 111 Arten dienen. Dementsprechend sind alle Angaben danach ausgewählt, ob sie wichtige Hinweise für die Artbestimmung bieten oder nicht. Natürlich stehen hinter jeder Vogelart eine Menge spannender Fakten zu ihrer Ökologie und Lebensweise, die wir aber nicht aufgenommen haben, wenn sie nicht für die Artbestimmung von direkter Bedeutung sind. Hinter dem deutschen und dem wissenschaftlichen Artnahmen steht daher in Klammern ein Verweis auf die entsprechende Artnummer im Buch „Die Vögel Mitteleuropas im Porträt" von H.-J. Fünfstück und I. Weiß (ebenfalls erschienen bei Quelle & Meyer), in dem sich zahlreiche Fakten zur Biologie der Vogelarten nachlesen lassen.

Sofern eine Art nicht weiter in Unterarten aufgeteilt wird oder von den bekannten Unterarten normalerweise nur eine in unserer Region auftritt, ist nur der zweigliedrige wissenschaftliche Artname angegeben (bestehend aus dem Gattungsnamen, beispielsweise für die Gattung der Kormorane *Phalacrocorax,* und einem die Art bezeichnenden zweiten Ausdruck, z. B. für unseren heimischen Kormoran *carbo*). Werden von einer Art auch innerhalb Mitteleuropas regelmäßig mehrere Unterarten unterschieden, ist dies beim Blick auf die wissenschaftlichen Artnamen an der üblichen dreigliedrigen Nomenklatur (Gattungsname, Artbezeichnung, Unterartbezeichnung, z. B. die zwei mitteleuropäischen Unterarten des Kormorans *Phalacrocorax carbo sinensis* und *Phalacrocorax carbo carbo*) erkennbar. Aus Platzgründen werden außer bei der ersten Nennung Gattungsname und Artname dann meist mit ihren Anfangsbuchstaben abgekürzt: *P. c. carbo.*

Zur Bedeutung der Grafiken, Symbole und wichtigsten Abkürzungen siehe vordere Umschlaginnenseite.

Im oberen rechten Bereich der Artdarstellung befindet sich ein Streifen, der die Monate des Jahres symbolisieren soll. Hier ist die **Anwesenheit in Mitteleuropa** markiert. Dabei ist nicht berücksichtigt, ob es sich um dieselben Populationen oder Individuen handelt, die beobachtet werden können. Eine Vogelart, von der zumindest ein Teil der Population nicht wandert, ist ganzjährig ebenso durchgehend markiert wie eine Art, bei der die Brutpopulation im Winter abwandert, dafür aber Vertreter der Art aus anderen Regionen zuwandern. Der Vogelbeobachter wird den Unterschied letztlich ohnehin meist nicht bemerken. Arten, von denen beispielsweise einzelne Individuen bei uns überwintern, aber deutlich weniger Vögel anwesend sind als zu anderen Jahreszeiten, sind in einem helleren Farbton markiert. Wir haben uns bemüht, einen insgesamt aussagekräftigen, schnellen Überblick zu ermöglichen. Insbesondere im Norden können Gebiete im Frühjahr auch später erreicht oder im Herbst früher geräumt werden als im Süden des Bearbeitungsgebietes. Es ist auch möglich, dass die Art nur in bestimmten Teilen Mitteleuropas auftritt, beispielsweise an den Küsten, und im Binnenland nicht vorkommt, auch wenn sie als „anwesend" markiert ist.

Die **Größe** der Vogelart, die im Gelände ohnehin schwer einschätzbar ist und bei Vögeln oft auch überschätzt wird, stellen wir vereinfacht in Form von acht Größenklassen vor, die eine schnelle Orientierung durch den Vergleich mit allgemein bekannten Arten liefern sollen.

Daneben ist der **fremdsprachliche Artname** in Englisch (En), Französisch (Fr), Spanisch (Es) und Italienisch (It) angegeben. Dies kann bei der Zuhilfenahme weiterer Literatur, dem Verständnis von Infotafeln oder natürlich der Verständigung mit anderen Vogelbeobachtern hilfreich sein.

Darunter befinden sich Symbole, die einen schnellen Überblick über die typischen **Lebensräume** der Art geben sollen. Immer wieder können Vertreter von Arten auch außerhalb ihrer typischen Lebensräume auftreten, insbesondere zur Zugzeit. Dennoch kann auch der Lebensraum eines der vielen Kriterien sein, die man zur Artbestimmung heranziehen sollte.

Die **Verbreitungskarte** ist in Zusammenhang mit den Angaben unter **Status** zu sehen. Beide sollen einen Hinweis geben, wie selten oder häufig die vermutete Vogelart ist und wo sie hauptsächlich vorkommt. Die Farben in den Verbreitungskarten geben noch genauere Informationen (Erklärung innen im vorderen Umschlag). Gerade bei mobilen Organismen wie den Vögeln können Vertreter auch immer wieder einmal weitab der üblichen Vorkommensgebiete auftauchen. Dies ist für viele fortgeschrittene Vogelbeobachter gerade das Salz in der Suppe und bedeutet für den Einsteiger, dass die Karten nur einen Hinweis auf die Vorkommenswahrscheinlichkeit, aber kein Ausschlusskriterium bieten.

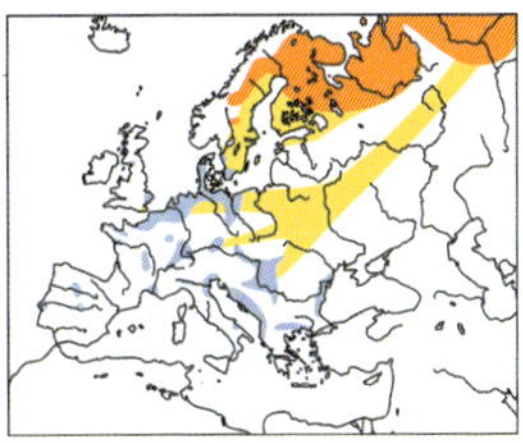

Den Auftakt des Textblockes macht unter dem Artnamen eine sehr knappe Kurzcharakterisierung der Art, die einen ersten Bestimmungseinstieg bieten soll. Nach den bereits erwähnten Statusangaben wird auf die verschiedenen **Kleider** der Art eingegangen. Es werden möglichst alle markanten Kleider der einzelnen Arten im Bild dargestellt und kurz beschrieben, um die Bestimmung zu erleichtern. Weitere Erklärungen zu den Bezeichnungen der einzelnen Kleider finden sich im Glossar. Je nach Vogelgruppe haben sich etwas voneinander abweichende Schemata zur Nomenklatur der Kleider eingebürgert. Wir haben versucht, diese zu übernehmen, aber dabei so konsistent wie möglich zu bleiben. Existierende Ansätze zu einer generellen Bezeichnung der Kleider unter Bezugnahme auf die vielfältigen und oft komplizierten Zyklen des Gefiederwechsels sind recht komplex und für die Artbestimmung oft zu abstrakt.

Auf **Verhaltensweisen** gehen wir dann ein, wenn diese einen Beitrag zur Artbestimmung leisten können, wie beispielsweise das „Schwanzwippen" der Rotschwänze. Selbes gilt auch für die **Stimme** (und ebenso bei **Lautäußerungen**, die nicht mit dem Stimmapparat in der Kehle erzeugt werden), bei der wir uns auf die Angabe kennzeichnender Laute beschränken, die als auffällige Merkmale oft eine Artbestimmung unterstützen oder sogar entscheidend dafür sein können. Neben den kurzen und schnell verfügbaren Sprachumschreibungen besteht die Möglichkeit, einen angegebenen QR-Code mit der entsprechenden Software Ihrer Kamera oder Ihres Tablets einzulesen und so im Internet eine Tondatei abzurufen. Bitte beachten Sie, dass je nach Einstellung und Tarif Ihres Mobilgerätes dabei Kosten für die Internetverbindung entstehen können.

Selbstverständlich wird man auch immer wieder auf Arten treffen, die in diesem einführenden 111-Arten-Buch nicht enthalten sind. Im Absatz **Nahe Verwandte** weisen wir auf eng verwandte, oft ähnliche und in diesem Buch nicht behandelte Arten hin. Dies soll dazu dienen, die Schärfe der eigenen Bestimmung abzuschätzen und ist vielleicht auch gelegentlich die Erklärung dafür, dass man keine Art mit den gesuchten Merkmalen im Buch finden kann. In der Regel befindet sich dieser Hinweis beim häufigsten Vertreter einer nur teilweise behandelten Artengruppe.

Unter **Ähnliche Arten** stehen Hinweise auf Verwechslungsmöglichkeiten mit anderen Arten. In Einzelfällen wird hier auch auf Arten verwiesen, die selbst nicht in diesem Buch behandelt sind. Dann sind einige stichwortartige Unterscheidungsmerkmale mit aufgeführt. Hinweise wie „kaum zu verwechseln“ zeigen auch an, dass man sich nach erfolgter Artbestimmung wenig Sorgen bezüglich eventuell übersehener Alternativen machen muss.

Den unteren Teil der Artenseite bilden dann die Fotos der verschiedenen Kleider. Hier sind in der Regel die Merkmale beschrieben, die gute Anhaltspunkte für die Unterscheidung von anderen Arten, aber auch von anderen Kleidern derselben Art, bieten. Sieht man einen Vogel immer nur kurz (z. B. im Gebüsch oder weil er immer wieder abtaucht), sind dies die Merkmale, die man sich auf die Schnelle einprägen sollte. Auf eine generelle Beschreibung der Gefiederfarben verzichten wir, da dies jede Leserin und jeder Leser anhand der Fotos selbst sehen kann.

Dank

Ein großer Dank gebührt den vielen Fotografen und Fotografinnen die ihre Bilder für dieses Buch zur Verfügung gestellt haben. Gerade das Fotografieren von eher unscheinbaren und deshalb auch farblich wenig attraktiven Arten und Kleidern ist nicht so einfach wenn man wie die sich zur Balzzeit zur Schau stellenden Männchen vor sich hat.

Unser herzlicher Dank geht auch an Christopher König, der die Tafeln kritisch durchgesehen hat und so zur Optimierung des Buches beitrug.

Nicht zuletzt möchten wir dem Verlagsteam herzlich für die vielfältige Unterstützung und Motivation bei der Erstellung dieses Buches danken.

Die ersten Schritte zur Vogelbestimmung

Der Einstieg

Vögel zählen zu den wenigen Organismengruppen, die überall zu finden sind – von der Innenstadt bis zum offenen Meer. Die meisten von ihnen sind tagaktiv und unter den ersten Tieren, die uns an einem Ort auffallen, sind fast immer Vögel. Daher genügen in der Regel offene Augen und Ohren, um die nächstbeste Handvoll Vogelarten zu entdecken, sobald man Lust dazu hat. Fortgeschrittene Vogelbegeisterte werden mit der Zeit anspruchsvoller und möchten gerne seltenere Arten finden, zu denen sie sich in bestimmte, meistens naturnahe Gebiete begeben und schließlich vielleicht sogar in andere Länder und auf andere Kontinente reisen, um ihre Artenliste zu verlängern. Einsteigerinnen und Einsteigern sei aber gar nicht unbedingt dazu geraten, gleich in einem für seine reiche Vogelwelt bekannten Naturschutzgebiet mit der Vogelbestimmung anzufangen. Erfolgversprechender und als Einstieg auch nachhaltiger ist es, sich zunächst einmal die Meise im Garten oder den Fink im Stadtpark vorzunehmen und sich deren Merkmale einzuprägen. Bei Beobachtungstouren an Gewässern sind zwar dann gleich wesentlich mehr Arten anzutreffen, aber dafür sind die meisten Wasservogelarten, vor allem Erpel im Prachtkleid, vergleichsweise einfach zu erkennen. Hat man erst einmal einen Grundstock von zwei oder drei Dutzend Arten, die man sicher erkennt, und kann den Kiebitz zu den Watvögeln, die Rotdrossel zu den Drosseln und die Rohrammer zu den Ammern ordnen, geht es mit der genaueren Artbestimmung auch immer einfacher weiter. Es folgt die Phase der auch vor der Haustüre recht rasant wachsenden Artenlisten, ehe dann zumindest bei einigen Vogelkundlern der große Ehrgeiz ausbricht, die ganz kniffligen Fälle zu lösen, wie etwa den nordamerikanischen Irrgast in der Gruppe kleiner Strandläufer im Watt zu finden oder die genaue Unterart der zweijährigen großen braunen Möwe auf dem anderthalb Kilometer entfernten Seezeichen zu erkennen. Dann allerdings ist man bereits so tief in die Szene der Vogelbeobachter vorgedrungen, dass man dieses Buch nicht mehr benötigt.

Blaumeise im blühenden Apfelbaum pickt kleine Insekten auf und trinkt eventuell sogar am Nektar.

In der Regel kommt der Wunsch zu wissen, welche Vogelart man denn da vor sich hat, eher zufällig, wenn einem ein besonderer Vertreter irgendwo auffällt. Selten wird der Neuling losziehen, um alle Vögel zu bestimmen, die seinen Weg kreuzen. Wie man auf diese ersten Begegnungen aufbauen möchte, ist dann Geschmackssache. Naturschutzverbände und Volkshochschulen bieten Vogelexkursionen und Vogelbestimmungskurse an, in denen Interessierte ihr Wissen erweitern können, man kommt aber auch mit der eigenen Zähigkeit erstaunlich weit. Wer sozusagen von Null an ganz alleine mit dem Bestimmungsbuch einen Feldsperling identifiziert hat, wird diese Art ab da wohl immer erkennen. Später ist es vielleicht hilfreich, die Bestimmungen, bei denen man sich nicht sicher ist, von Gleichgesinnten bestätigen zu lassen. Diese lassen sich über lokale Naturschutzverbände, spezielle Gruppen von Vogelbeobachtern oder mancherorts auch über die Volkshochschule finden. An beliebten Stellen für die Vogelbeobachtung trifft man aber auch ganz zufällig auf andere Vogelbegeisterte und diese – zumindest der Teil von ihnen, der nicht in die Kategorie der einsamen Waldläufer fällt oder gerade eine Zählung für ein Vogelerfassungsprojekt durchzuführen hat – werden einem gerne mit Tipps und vielleicht auch einem Blick durch ihre eindrucksvolle Optik weiterhelfen.

Wer über die Vogelbestimmung im eigenen Garten oder nächstgelegenen Park hinaus ist, wird früher oder später auch dort landen, wo viele und vielleicht auch seltenere Vögel zu finden sind. Hier gelten von Anfang an zwei wichtige Grundregeln: Wer Vögel bestimmen und beobachten möchte, soll vermeiden, sie dabei zu stören. So bleibt die Vogelbeobachtung ein naturverträgliches Hobby und man verhält sich rücksichtsvoll gegenüber anderen Naturfreunden. Das bedeutet, dass man sich Vögeln und anderen Wildtieren nur so weit nähert, dass sie nicht beunruhigt werden. Keinesfalls sollte man Vögel oder andere Tiere in der Umgebung aufscheuchen oder davon abhalten, Nahrungs- und Ruheplätze oder womöglich das Nest aufzusuchen. Bei verantwortungsvollen Vogelbeobachtern verhalten sich die Vögel so, als ob kein Mensch in der Nähe wäre.

Mit Gleichgesinnten macht die Vogelbeobachtung noch mehr Spaß.

Und die zweite wichtige Regel: die Verordnungen in Schutzgebieten (und ebenso natürlich Regeln zum Betreten von Privatgrund) gelten in vollem Umfang auch für Vogelbeobachter, so wie sie für alle anderen Erholungssuchenden gelten.

Bestimmungsmerkmale

Auf was sollte man denn nun achten, wenn man einem Vogel begegnet, dessen Artzugehörigkeit man gerne wissen möchte? Hier gibt es im Grunde keine Unterschiede zwischen Einsteigern und Fortgeschrittenen. Was erstere noch strukturiert durchgehen müssen, läuft später ziemlich selbständig im Hinterkopf ab und mündet schließlich in den „Gesamteindruck", der dem Fortgeschrittenen in kürzester Zeit mitteilt, wen er vor sich hat oder warum ein Vogel eben vielleicht doch nicht zu der Art gehört, zu der man ihn zunächst zuordnen wollte. Dieser zunächst schwer fassbare „Gesamteindruck" mag Neulinge zwar frustrieren, stellt sich für bestimmte Artengruppen aber erstaunlich schnell ein. Bald hat man ein Gefühl dafür, dass es sich hier doch um einen Regenpfeifer und dort um einen kleinen Finken handeln sollte, auch wenn man noch nicht genau weiß, um welchen. Mit der einleitenden Kurzcharakterisierung für jede Art haben wir versucht, genau das in diesem Buch aufzugreifen.

Sein auffälliges Gefieder kennzeichnet den Stieglitz.

Auch wenn die Begegnung nur kurz sein sollte, empfiehlt es sich, möglichst viele der folgenden Merkmale zu erfassen und sich möglichst schnell einzuprägen. Dabei sind natürlich normalerweise nicht alle Einzelheiten sichtbar und man kann sich auch gar nicht alle merken. Wir haben versucht, nach Priorität zu ordnen:

1. **Grundgestalt:** Ist es ein großer oder kleiner Vogel, eher Richtung Ente, Greifvogel, Hühnervogel, Specht, Singvogel usw.? Sind Beine und Hals eher lang oder eher kurz? Gibt es eine auffällige Kopfhaube oder lange Schmuck- und Schwanzfedern?
2. **Auffällige Zeichnungsmuster:** Gibt es Gefiedermerkmale, die sofort ins Auge stechen? Eine farbige Binde im Flügel? Auffällige Bänder im Schwanz? Ein ganz gelber Bauch?
3. **Lautäußerungen:** Äußert der Vogel einen markanten Ruf oder Gesang oder produziert er andere, ungewöhnliche Laute (z. B. Spechttrommeln)? Bei den Lautäußerun-

gen spielen vor allem Klang, Rhythmus (mit Silbenzahl) und die Art der Zusammensetzung der Lautäußerung aus einzelnen Elementen eine wichtige Rolle.

4. **Auffällige Verhaltensweisen:** Zeigt der Vogel beispielsweise Schwanzwippen (siehe Glossar) oder stellt er den Schwanz oft senkrecht? Wippt er häufig mit dem Körper oder geht er immer wieder federnd „in die Knie“? Singt er ausgiebig im Flug? Kann er im Rüttelflug auf der Stelle stehen? Bewegt er sich fast nur an senkrechten Stämmen?

5. **Schnabel:** Schnäbel sind sehr vielgestaltig und helfen oft, die Artengruppen etwas vorzusortieren, wenn man mit Färbung oder Körperproportionen nicht recht weiterkommt: Handelt es sich um einen krummen Schnabel wie bei Greifvögeln, Eulen, Falken oder vielleicht auch einer der Papageienarten, die als Neubürger bei uns leben? Ist es ein eher typischer Enten- oder Gänseschnabel? Ist er eher kurz und schmal wie bei Watvögeln oder bei insektenfressenden Singvögeln? Kräftig und gerade wie bei einem Specht? Oder lang, dünn und auf- oder abwärts gekrümmt? Ist es ein typischer Körnerfresserschnabel wie bei Finken und Sperlingen? Welche Farbe hat der Schnabel?

6. **Kopf:** Die Gefiederzeichnung am Kopf ist bei vielen Arten zur Bestimmung wichtig: Gibt es hier Bartstreifen, Augenstreifen, Überaugenstreifen, auffällige Marken am Nacken? Wie sind Kehle und Oberkopf gefärbt?

7. **Beine:** Sind die Beine lang und stehen beim fliegenden Vogel über den Schwanz hinaus? Sind es eher kurze, kaum sichtbare Klammerbeine oder lange Laufbeine? Sind die Zehen eher lang oder kurz und gibt es Schwimmhäute oder besonders auffällige Krallen? Und welche Farbe hat der unbefiederte Teil der Beine?

8. **Flügel:** Gibt es auf der Flügeloberseite oder Flügelunterseite auffällige Gefiederzeichnungen oder auffällige weiße oder farbige Bereiche? Sind die Flügel eher lang und schmal oder eher kurz und rundlich? Wie ist die Flügelspitze gefärbt?

9. **Schwanz:** Wie sind Schwanz und Ansatz des Schwanzes (die Schwanzdecken) gefärbt? Hier kommt es besonders oft auf die Verteilung von Weiß oben oder unten am Schwanzansatz und an den Außenkanten an. Bei gebänderten Schwänzen sind bei manchen Gruppen Anzahl und Breite der Binden und oft die Färbung des Schwanzhinterendes wichtig und schließlich natürlich die Form: Ist der Schwanz gerundet, gerade (wie abgeschnitten), etwas eingekerbt oder handelt es sich um einen richtigen Gabelschwanz, bei dem die äußeren Federn viel länger sind als die inneren?

Für bestimmte Vogelgruppen gibt es weitere Merkmale, vor allem zu Gefiederfärbung (auch Strichelungen oder Wellenmuster) und Proportionen, auf die wir in den Artentafeln hinweisen. Zur Artbestimmung sind folgende weitere Kriterien sehr hilfreich, die aber keinen ausschließenden Charakter haben:

- Kommt die Vogelart üblicherweise in der Region vor?
- Kommt die Vogelart üblicherweise um diese Jahreszeit hier vor?

- Kommt die Vogelart typischerweise in diesem Lebensraum vor?
- Können weitere ähnliche und sehr ähnliche Arten ausgeschlossen werden?
- Ist mir die Art schon bekannt und passt der Gesamteindruck?

Sofern eine der fünf Frage mit „nein“ zu beantworten ist, sollte man seine Bestimmung nochmals kritisch überprüfen, vielleicht weitere Literatur oder den Rat eines Fachmanns hinzuziehen.

Lautäußerungen

Rufe, Gesänge und seltener auch Instrumentallaute wie Schnabelklappern oder Flügelgeräusche sind wichtige Bestimmungsmerkmale, die manchmal sogar schon alleine für sich ausreichen, um eine Art zu bestimmen. Der Einstieg in das Erkennen solcher Lautäußerungen ist allerdings schon eine eigene Disziplin, bei der es verschiedene persönliche Strategien zum Erfolg gibt. Umfangreiche Literatur und Tonträger, die den Einstieg in die Bestimmung von Lautäußerungen erleichtern, sind heute im Handel und im Internet verfügbar. Für unsere Zwecke wird es oft einfacher sein, eine Vogelart nach optischen Merkmalen zu bestimmen und sich dann die Lautäußerungen des beobachteten Individuums einzuprägen. Auf diese Weise schafft man eine recht gute Verknüpfung (vom Aussehen zur Stimme), die man später auch in umgekehrter Richtung (von der Stimme zur Art) verwenden kann. Hat man sich hier erst einmal einen Grundstock erarbeitet und kommt so bei einem gehörten Laut zu einem Anfangsverdacht, leisten Tondateien hervorragende Dienste zur Bestätigung des Verdachtes oder zur genaueren Identifizierung. Es wäre allerdings illusorisch und vermutlich zu frustrierend, umfangreiche Tonaufnahmen durchzuhören in der Hoffnung, einen bestimmten Piepser, den man irgendwo aufgeschnappt hat, auf diese Weise wiederzuerkennen.

Der Star ist ein sehr guter Stimmenimitator.

Mehr Informationen und Hilfen

Es gibt hervorragende Vogelbücher von Hilfen für Einsteiger bis hin zu umfassenden Bestimmungswerken für Fortgeschrittene, die mehr und mehr auch in elektronischer Form angeboten werden und so auf Mobilgeräten immer zur Hand sind. Ob man lieber mit Fotos oder den inzwischen qualitativ ebenfalls hervorragenden Zeichnungsdarstellungen arbeiten möchte und welches Verhältnis von Textangaben zu Bildern man bevorzugt, ist jedem selbst überlassen und sollte auch ausprobiert werden. Bücher zu speziellen Bestimmungsproblemen, solche mit ausgiebigen Hintergrundinformationen zur Lebensweise oder zu Schutzaspekten der Arten, Vogelführer zu Arten bestimmter Lebensräume, spezielle Vogelstimmenführer und Literatur zu Eiern, Nestern und Jungvögeln existieren ebenfalls. Bei keiner anderen Organismengruppe dürfte das Angebot an deutschsprachiger Literatur, die die Artbestimmung unterstützt, so groß sein wie bei Vögeln. Unser Tipp: im Internet, in Buchhandlungen, in Katalogen, in Büchersammlungen von Naturschutzzentren und bei befreundeten Naturinteressierten schmökern und herausfinden, welche Bücher einen am meisten ansprechen und dem bereits erreichten Kenntnisstand am besten weiterhelfen.

Zusätzlich gibt es im Internet umfangreiche Datenbanken zu Vögeln und Vogelstimmen. Einige sind kostenlos, wie z. B. die Sammlung von Stimmaufnahmen www.xeno-canto.org oder die Wikipedia-Einträge, die zu vielen Vogelarten mittlerweile von erstaunlich guter Qualität sind, andere sehr umfangreiche Sammlungen, wie z. B. die englischsprachige „Birds of the World" (http://birdsoftheworld.org), sind dagegen kostenpflichtig. Weniger umfangreiche, aber dafür deutschsprachige, kostenlos nutzbare und informative Datenbanken zu Vögeln liefern beispielsweise die Schweizerische Vogelwarte Sempach (https://www.vogelwarte.ch/de/voegel/voegel-der-schweiz/) oder die Arteninformationsseiten des Naturschutzbund Deutschland (NABU; https://www.nabu.de/tiere-und-pflanzen/voegel/).

Ausrüstung

Nur selten wird man die Gelegenheit haben, Vögel mit bloßem Auge zufriedenstellend zu beobachten und die nötigen Bestimmungsmerkmale zu erkennen. Ein Fernglas mit 8- oder 10-facher Vergrößerung gehört daher zur Standardausrüstung bei der Vogelbestimmung und sollte immer griffbereit sein. Die Palette angebotener Ferngläser ist riesig und die Preisspanne reicht von unter 50 bis über 2000 Euro, was sich natürlich in Haltbarkeit und Bildqualität bemerkbar macht. Hier gibt es auch im Internet umfangreiche Ratgeber von Vogelkundevereinen, die wertvolle Produkttipps bieten. Es kann sich dort übrigens durchaus auch lohnen, auf Verkäufe guter gebrauchter Ferngläser zu achten. Für den allerersten Einstieg tut es das Fernglas, das eben irgendwo in Haus oder Familie noch vorhanden ist, alsbald sollte man aber Ferngläser vermeiden, die zu schwer sind oder bei denen es anstrengend ist, ein scharfes und nicht doppeltes Bild zu sehen. Auch düstere oder zum Rand hin verschwommene Bilder sollte man vermeiden und daher vor dem Kauf ein Fernglas ausgiebig testen, egal in welcher Preisklasse. Wenn der Blick durchs Fernglas anstrengend oder unbefriedigend ist, macht die ganze Vogelbeobachtung bald keinen Spaß mehr und ein Fernglas, das man meistens nicht zur Hand hat, weil es einem eigentlich doch zu klobig ist, nützt auch wenig. Allerdings wird die Benutzung eines Fernglases am Anfang grundsätzlich ungewohnt sein. Und man sollte regelrecht üben, möglichst rasch einen mit bloßem Auge

bestimmten Punkt ins Fernglas zu nehmen, denn bei einem vorbeifliegenden Vogel muss einem das früher oder später auch gelingen. Auch hier sollte man zunächst ausprobieren, wie gut einem das mit diesem oder jenem Fernglastyp gelingt.

Sofern sich die Vogelbeobachtung zum ernstzunehmenden Hobby ausweitet, kommt irgendwann mit Sicherheit der Wunsch nach einem Spektiv (Fernrohr) zusätzlich zum Fernglas auf. Spektive bieten mehr Vergrößerung und Beobachtungsgenuss aus größerer Entfernung, werden nur mit einem Auge genutzt und normalerweise auf ein Stativ montiert. Sie haben meist zwischen 20- und 60-fache Vergrößerungen, nicht selten auch variabel als Zoom. Hier gilt im Prinzip dasselbe wie bei den Ferngläsern: Es muss angenehm sein und Spaß machen, das Spektiv bei seinen Touren dabeizuhaben und durchzuschauen. Unscharfe, düstere Bilder im Spektiv verleiden einem die Freude an der Vogelbeobachtung, und ausgiebiges Testen ist unerlässlich.

Zur Dokumentation der Beobachtungen, zur Erinnerung und vielleicht auch zur nachträglichen Bestimmung eignen sich Digiscoping-Ausrüstungen. Das sind Vorrichtungen, mit denen sich kleine Kompaktkameras oder Mobilgeräte so am Spektiv befestigen lassen, dass man durch das Fernrohr fotografieren kann. So etwas geht zwar prinzipiell auch freihändig, erreicht dann aber nicht die Qualität einer Digiscoping-Vorrichtung.

Grundsätzlich ist die Möglichkeit für ein paar schnelle Fotos oder kurze Videos auch ohne Digiscoping praktisch, in der Regel wird dafür die Kamera des Mobiltelefons ausreichen. Auch Gesänge und Rufe lassen sich damit schnell aufzeichnen – zwar meist in bescheidener Qualität, aber oft noch ausreichend als Hilfe für die nachträgliche Bestimmung. Ob das Mobiltelefon auch die Funktion des Notizbuches übernehmen soll oder ob man hier doch lieber ein paar schnellen Aufzeichnungen in einem Feldbuch den Vorrang gibt, ist Geschmackssache. Grundsätzlich sollte eine Möglichkeit nicht fehlen, sich schnell ein paar Notizen zu Merkmalen oder zum Ruf eines Vogels zu machen, um die Bestimmung später überprüfen zu können. Und wenn man etwas ernsthafter an die Vogelbeobachtung geht, wird man früher oder später auch Beobachtungslisten führen und an Zählungen mitwirken wollen, die Aufzeichnungen vor Ort erfordern.

Die restliche Ausrüstung ist Kür und unterscheidet sich – von der Sitzgelegenheit bis zum Mückenspray – nicht groß von dem, was andere Naturliebhaber und Jäger gerne mit sich führen. Vor allem bei Letzteren kann man viele Ideen sammeln, wie sich der Aufenthalt in der Natur noch komfortabler gestalten lässt.

Notieren und melden

Vögel haben nicht nur äußerst interessante Lebensweisen, die noch lange nicht alle erforscht und verstanden sind, sondern sie sind auch gute Bioindikatoren, die uns über andere, vielleicht weniger auffällige Vorgänge in der Natur informieren. Vogelbeobachter waren mit die Ersten, die auf Änderungen in der Natur in Zusammenhang mit dem Klimawandel hingewiesen haben. Auch Hinweise auf Giftstoffe und auf unerwünschte Veränderungen in der Natur lassen sich aus der Beobachtung von Vögeln und deren Beständen gewinnen. Die Beliebtheit von Vögeln und ihre vergleichsweise sehr einfache Beobachtung bieten die einmalige Möglichkeit, eine Datenbasis zu schaffen, wie sie für keine andere Organismengruppe denkbar ist. Daher sei hier an alle, die über die allerersten Schritte der Vogelbestimmung hinaus sind, wärmstens appelliert, ihre Beobachtungen und Zählungen der Allgemeinheit zur Verfügung zu stellen. Im deutschsprachigen Raum steht hierfür vor allem die Familie der ornitho-Plattformen zur Verfügung (www.ornitho.ch, www.ornitho.de, www.ornitho.at u. a.), in denen sich die eigenen Beobachtungen eingeben, verwalten und mit anderen vergleichen lassen. Wer direkt im Gelände seine Daten unkompliziert und schnell erfassen und übermitteln möchte, kann dazu beispielsweise die Mobilgeräte-App „NaturaList" verwenden. Auf diese Weise entsteht eine gemeinsame, überaus wertvolle Datenbank, die von Tausenden von Vogelkundlern gemeinsam gepflegt wird.

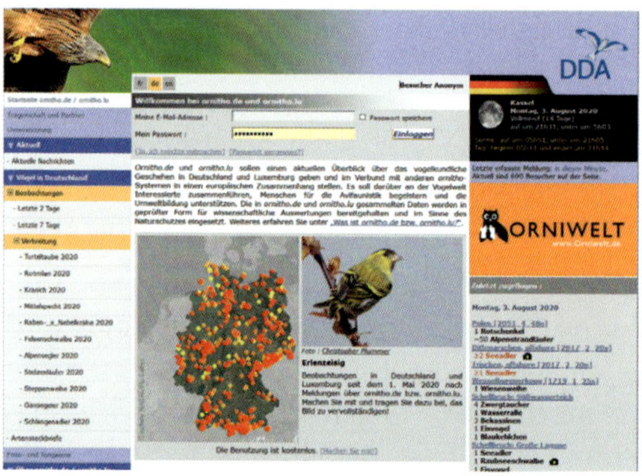

Sollten Sie auf Vögel mit einer Markierung (Beinring, Marke an Hals oder Flügeln) stoßen, melden Sie diese Markierungen bitte an die nächste Vogelberingungszentrale (z. B. im Internet über www.ring.ac). Dies gilt sowohl für Marken, die verschiedene Farben oder Zeichen tragen, als auch für die metallgeprägten Fußringe, die man allerdings in vielen Fällen nur ablesen kann, wenn der Vogel tot gefunden oder von einem Beringer absichtlich gefangen wird. Sie unterstützen damit Markierungsprojekte an Vögeln, mit denen deren Lebensweise, Zugverhalten, aber auch die Sterblichkeitsrate untersucht wird. Vögel, die einen Sender oder ein anderes kleines elektronisches Gerät zu ihrer Beobachtung tragen, können ebenfalls an die Beringungszentralen gemeldet werden oder Sie können selbst in der kostenlosen Mobilgeräte-App „AnimalTracker" nachsehen, ob es sich um ein Telemetrieprojekt handelt, dessen Daten dort frei eingesehen werden können. Mittels dieser App können solche Forschungsprojekte auch dadurch unterstützt werden, dass Vogelbeobachter Zusatzdaten zum jeweiligen Individuum melden, beispielsweise, was es gerade frisst oder ob es alleine oder mit Artgenossen unterwegs ist. Spätestens damit ist dann der Schritt vom interessierten Einsteiger zum engagierten Bürgerwissenschaftler („Citizen Scientist") vollzogen.

Literatur

Die Angaben zu Bestimmungsmerkmalen in diesem Buch entstammen zu großen Teilen den folgenden Quellen. Die Bestimmungsbücher darunter empfehlen wir auch als weiterführende Literatur für den Einstieg in die Vogelbstimmung.

Bauer, K. M. & U. N. Glutz von Blotzheim (1966-1969): Handbuch der Vögel Mitteleuropas. Bände 1-3. Aula-Verlag, Wiesbaden.

Bergmann, H.-H., H.-W. Helb & S. Baumann (2017): Die Stimmen der Vögel Europas. Aula-Verlag, Wiebelsheim. DVD und App.

Fiedler W., H.-J. Fünfstück (2021): Die Vögel Mitteleuropas – Das große Fotobestimmungsbuch. Quelle & Meyer, Wiebelsheim.

Fünfstück H.-J. & I. Weiß (2017): Die Vögel Mitteleuropas im Porträt. Quelle & Meyer, Wiebelsheim.

Gejl, L. (2018): Europas Greifvögel. Haupt Verlag, Bern.

Gejl, L. (2017): Die Limikolen Europas. Haupt Verlag, Bern.

Glutz von Blotzheim, U. N., K. M. Bauer & E. Bezzel (1971-1977): Handbuch der Vögel Mitteleuropas, Bände 4-7. Aula-Verlag, Wiesbaden.

Glutz von Blotzheim, U. N. & K. M. Bauer (1982-1997): Handbuch der Vögel Mitteleuropas, Bände 8-14. Aula-Verlag, Wiesbaden.

Jenni, L. & R. Winkler (2020): Moult and Ageing of European Passerines (2. Aufl.). C. Helm, London.

Madge, S. & H. Burn (1989): Wassergeflügel. Ein Bestimmungsbuch der Schwäne, Gänse und Enten der Welt. Parey, Hamburg-Berlin.

Svensson, L., K. Mullarney & D. Zetterström (2018): Der Kosmos-Vogelführer. Deutsche Version übersetzt von Peter H. Barthel. 3. Aufl. Kosmos-Verlag, Stuttgart.

Shirihai, H., G. Gargallo & A. J. Helbig (2001): Sylvia warblers. Identification, taxonomy and phylogeny of the genus *Sylvia*. C. Helm, London.

Shirihai, H. & L. Svensson (2018): Handbook of Western Palearctic Birds, Vol. I & II. C. Helm, London.

Rebhuhn *Perdix perdix* (→ 87)

J	F	M	A	M	J	J	A	S	O	N	D

En: Grey Partridge
Fr: Perdrix grise
Es: Perdiz pardilla
It: Starna

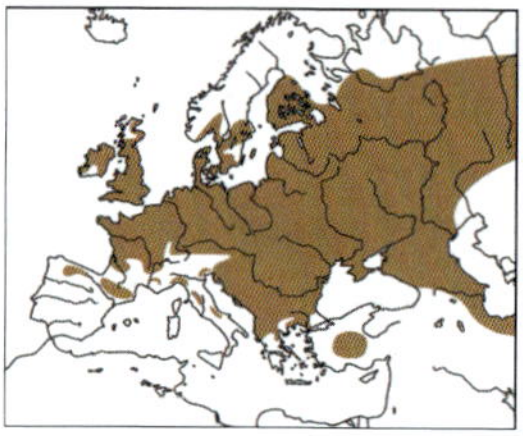

Typischer, eher kleiner Hühnervogel.

Status: Ehemals häufiger, heute in großen Regionen verschwundener Brutvogel.

Kleider: Im Adultgefieder haben Weibchen einen kleineren braunen Bauchfleck als Männchen. Jugendgefieder braun mit gestreiften Flanken.

Stimme: Gesang von Hahn und Henne vor allem in der Dämmerung „kerrick“.

Ähnliche Arten: Nur im Jugendkleid mit Wachtel (diese kleiner und dünner) oder Fasanenküken (dieses ohne helle Flankenstreifen) verwechselbar.

Jagdfasan *Phasianus colchicus* (→ 89)

Neozoon

En: Common Pheasant
Fr: Faisan de Colchide
Es: Faisán vulgar
It: Fagiano comune

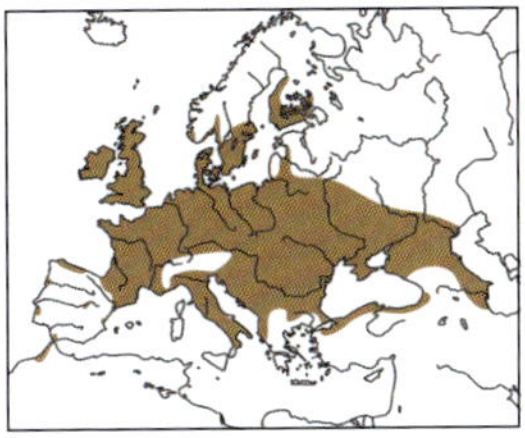

Bekannteste Fasanenart, von typischer, langschwänziger Gestalt.

Status: Zu Jagdzwecken aus Asien eingeführter Brutvogel, jedoch nur in wenigen Gebieten selbsttragende Populationen.

Kleider: Im Adultgefieder Geschlechter deutlich unterschiedlich gefärbt, siehe Fotos. Jugendkleid sehr ähnlich Weibchen. Bei den ad. Männchen sind verschiedene Gefiedervarianten (z. B. ohne weißen Halsring) beschrieben.

Verhaltensweisen: Duckt sich bei Herannahen eines Feindes, um ihn dann durch plötzliches „explosionsartiges“ Auffliegen zu erschrecken.

Stimme: Der Hahn äußert plötzlich ausbrechende zweisilbige Kurzstrophen wie „gökök“, die von lautem Flügelschwirren begleitet werden.

Ähnliche Arten: Durch den langen Schwanz nur mit anderen Fasanen verwechselbar. Bezüglich Küken siehe auch Wachtel und Rebhuhn.

Kanadagans *Branta canadensis canadensis* und *B. c. parvipes* (→ 21)

J F M A M J J A S O N D

En: Canada Goose
Fr: Bernache du Canada
Es: Barnacla canadiense grande
It: Oca cana

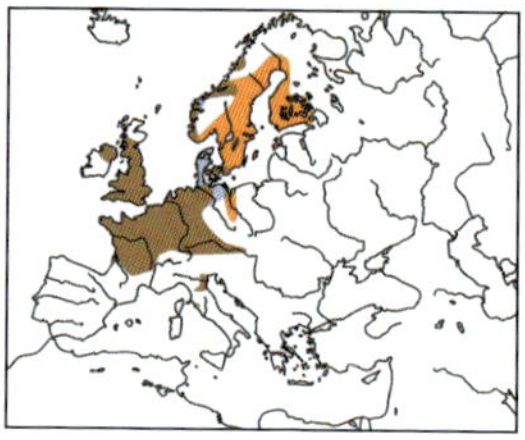

Große graubraune Gans mit langem schwarzem Hals und auffallendem weißem Kinnband.

Status: Eingeführter, regelmäßiger Brutvogel (Neozoon).

Kleider: Geschlechter gleich. Im Jugendkleid ist die helle Bänderung auf den Flügeln und an den Flanken undeutlich verwaschen und die schwarzen und weißen Kopfbereiche haben einen Braunstich.

Stimme: Typisch sind einsilbige, tiefe und rein trompetende Rufe von großer Lautstärke.

Ähnliche Arten: Von anderen großen braunen Gänsen durch Kopf- und Halszeichnung unterschieden. Zwergkanadagans ist viel kleiner. Die Unterart *parvipes* ist kleiner als *B. c. candensis*, aber größer als die Zwergkanadagans.

Graugans *Anser anser anser* („Westliche Graugans") und *A. a. rubrirostris* („Östliche Graugans") (→ 14)

En: Greylag Goose
Fr: Oie cendrée
Es: Ánsar común
It: Oca selvatica

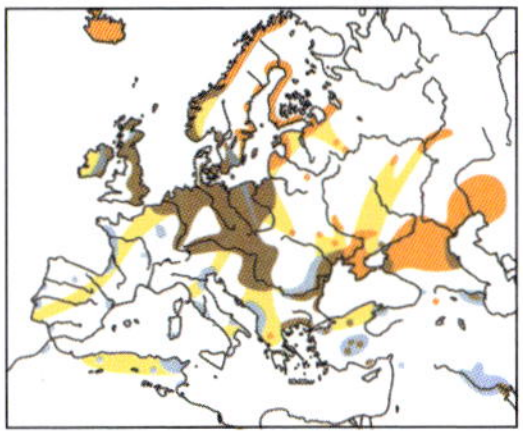

Große, massige Gans mit dickem Hals und großem Schnabel. *A. a. anser* mit orangem Schnabel und orangen Füßen (außer Jugendkleid), *rubrirostris* mit rosa Schnabel, aber auch intermediäre Formen werden beobachtet.

Status: Unterart *anser* häufiger Brutvogel vor allem im Norden und Nordosten, andernorts oft ausgesetzte Vögel und deren Nachkommen. Unterart *rubrirostris* regelmäßiger Brutvogel im südöstlichen Mitteleuropa.

Kleider: Geschlechter gleich. Im Jugendkleid ist die Flankenbänderung sehr verwaschen, die schräge Halsfurchung ist undeutlich und der Schnabel ist auch bei Unterart *anser* rosa.

Stimme: Paarpartner rufen einander auf Distanz mit individuell verschiedenen mehrsilbigen Rufen, wie man sie auch von Hausgänsen kennt.

Ähnliche Arten: Andere braune Gänse („Feldgänse"), siehe Fotos.

Tundrasaatgans *Anser serrirostris* (→ -9)

En: Tundra Bean Goose
Fr: Oie de la toundra
Es: Ánsar de la Tundra
It: Oca granaiola della tundra

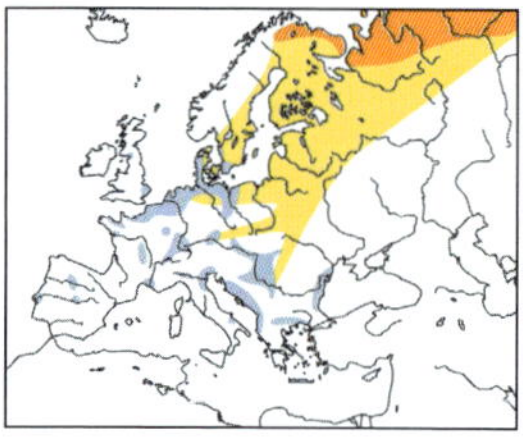

Mittelgroße, dunkel braungraue Gans mit kurzem Hals und dickem Schnabel.

Status: Regelmäßiger Durchzügler und Wintergast in Mitteleuropa. Brutvogel der Tundren Sibiriens. In Deutschland nachgewiesen ist *A. s. rossicus*.

Kleider: Geschlechter gleich. Im Jugendkleid ist die Flankenbänderung sehr verwaschen und die schräge Halsfurchung undeutlich.

Stimme: Die Rufe sind mehrsilbig und sonorer als die der Kurzschnabelgans. Beim Abflug erzeugen die Flügel rhythmisch ratternden Flugschall.

Ähnliche Arten: Die eng verwandte Waldsaatgans *Anser fabalis* tritt ebenfalls als (seltenerer) Wintergast auf. Sie ist dunkler, langhalsiger und etwas größer. Andere braune Gänse („Feldgänse"), siehe Fotos.

Blässgans *Anser albifrons albifrons* und *A. a. flavirostris* (→ 12)

J F M A M J J A S O N D

En: Greater White-fronted Goose
Fr: Oie rieuse
Es: Ánsar careto
It: Oca lombardella

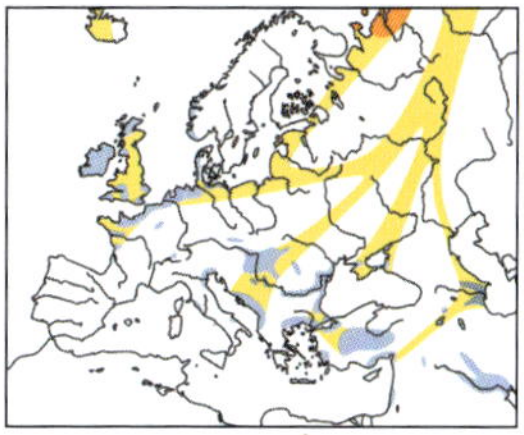

Mittelgroße Gans. Adulte mit weißem Federfeld um den Schnabel und starker Querfleckung am Bauch. *A. a. albifrons* mit rosa, *flavirostris* mit orangem Schnabel. Letztere auch etwas größer und dunkler.

Status: Unterart *albifrons* regelmäßiger Durchzügler und Wintergast im Norden, im Süden unregelmäßig und in kleinen Trupps. Auch Gefangenschaftsflüchtlinge und deren Nachkommen. Unterart *flavirostris* (Grönland) sehr seltener Wintergast.

Kleider: Geschlechter gleich. Im Jugendkleid ist die Flankenbänderung sehr verwaschen und die schräge Halsfurchung undeutlich. Adulte mit weißen Federn am Schnabelansatz.

Stimme: Vor allem in gemischten Gänsetrupps fällt die Anwesenheit von Blässgänsen sofort durch die höheren, klareren, fast etwas lachend klingenden Rufe auf.

Ähnliche Arten: Verwechslung der Jungen durch ungefleckten Bauch und fehlende Blässe auf Entfernung mit anderen Gänsen möglich. Siehe Fotos.

Höckerschwan *Cygnus olor* (→ 3)

J F M A M J J A S O N D

En: Mute Swan
Fr: Cygne tuberculé
Es: Cisne vulgar
It: Cigno reale

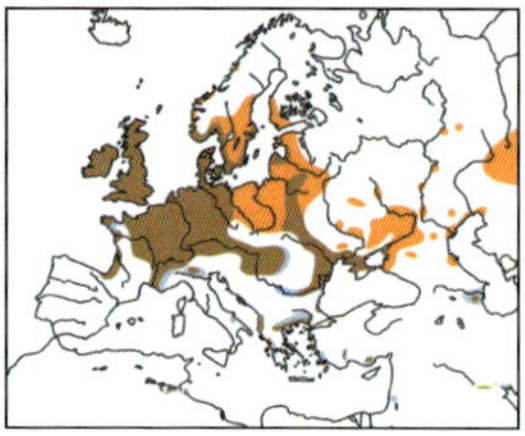

Größter flugfähiger Vogel in Europa, größter Vertreter der Schwäne und einziger Schwan mit Orange am Schnabel (Adultkleid).

Status: Häufiger Brutvogel, im Winter z. T. Zuzügler.

Kleider: Geschlechter gleich, Schnabelhöcker bei adulten Männchen besonders stark ausgeprägt. Im Jugendkleid Gefieder überwiegend hellbraun.

Verhaltensweisen: Hebt beim Imponieren die gefalteten Flügel an und wirkt dadurch größer. Zeigt sich oft zahm, gelegentlich auch aggressiv, gegenüber dem Menschen.

Stimme: Im Flug kaum Rufe, jedoch harfender rhythmischer Flugschall.

Ähnliche Arten: Andere Schwanenarten lassen sich an der Schnabelfärbung, der Halshaltung und der Größe unterscheiden.

Nilgans *Alopochen aegyptiacus* (→ 25)

J F M A M J J A S O N D

BANU

En: Egyptian Goose
Fr: Ouette d'Égypte
Es: Ganso del Nilo
It: Oca egiziana

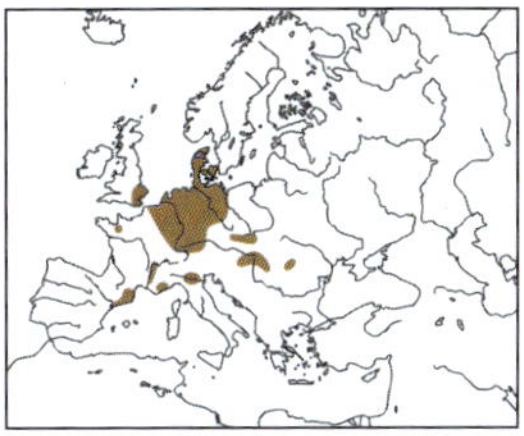

Auffallende, im Stehen unverwechselbare, gänseartige Ente, im Flug mit auffallend weißen Vorderflügeln.

Status: In starker Ausbreitung begriffener, in Mitteleuropa eingeführter Brutvogel mit ursprünglichem Vorkommen südlich der Sahara und im Niltal (Neozoon).

Kleider: Geschlechter gleich (an Stimme unterscheidbar). Im Jugendkleid ohne braune Flecken an Brust sowie Augen und Oberkopf bräunlich.

Verhaltensweisen: Steht vor allem zur Brutzeit nicht selten auch auf Dächern und anderen erhöhten Plätzen.

Stimme: Männchen ruft heiser keuchend oder zischend beim Abflug „wräd wräd...", Weibchen ruft durchdringend „honk-hää-hää-hää" (und beim Abflug kurz „honk").

Ähnliche Arten: Bei der Rostgans sind Beine und Schnabel schwarz und der Kopf ist weitgehend einfarbig rahmbraun. Die Flügel sind aber ähnlich schwarz-weiß.

Brandgans *Tadorna tadorna* (→ 26)

J | F | M | A | M | J | J | A | S | O | N | D

En: Common Shelduck
Fr: Tadorne de Belon
Es: Tarro blanco
It: Volpoca

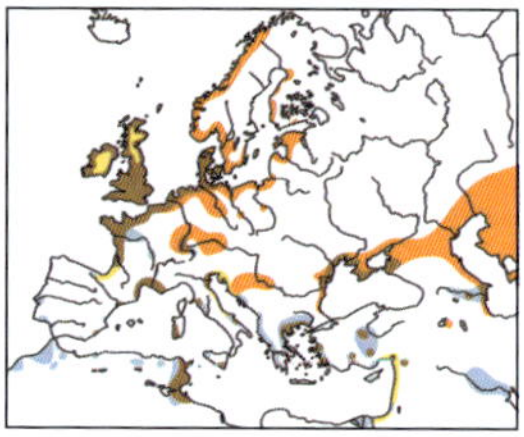

Gänseartige Ente mit schwarzgrünem Kopf und auffälliger, heller Körperfärbung.

Status: Regelmäßiger Brutvogel an den meisten europäischen Küsten, häufiger Mausergast im Wattenmeer, Einzelvögel (auch Gefangenschaftsflüchtlinge) regelmäßig im Binnenland, auch brütend.

Kleider: Männchen mit deutlichem Schnabelhöcker. Im Jugendkleid mit graurosa Schnabel, ohne grüne Färbung und ohne rostfarbenes Brustband.

Stimme: Weibchen ruft ententypisch tief und sonor, Männchen hoch trillernd und pfeifend.

Ähnliche Arten: Kaum zu verwechseln.

Stockente *Anas platyrhynchos* (→ 38)

J F M A M J J A S O N D

En: Mallard
Fr: Canard colvert
Es: Ánade azulón
It: Germano reale

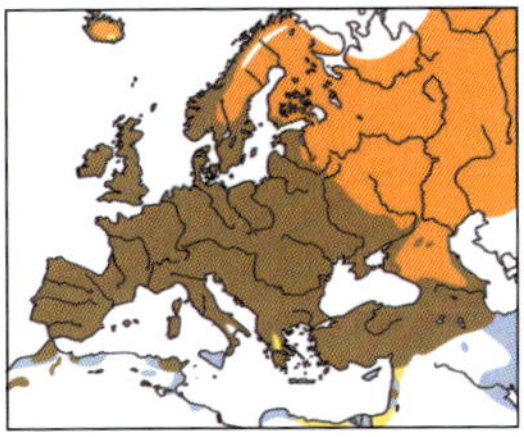

Größte und bekannteste heimische Gründelente.

Status: Häufiger Brut- und Gastvogel von den Küsten bis über 2200 m Meereshöhe.

Kleider: Im Prachtkleid Geschlechter sehr deutlich unterschiedlich, siehe Fotos. Männchen im Schlichtkleid ähnlich Weibchen, aber mit gelbem Schnabel und kastanienbraun getönter Brust. Jugendkleid schwer von ad. Weibchen zu unterscheiden, oft etwas heller und weniger kontrastreich. Regional häufige Gefiedervariationen durch Einkreuzung von Hausenten.

Stimme: Lautäußerungen nasal-reibend oder pfeifend bei den Männchen, quakend bei den Weibchen.

Ähnliche Arten: Unter den heimischen Entenmännchen ist sonst nur noch die Löffelente (und die Brandgans) schwarzköpfig mit grünem Glanz. Zur Unterscheidung der braunen Weibchen anderer Arten siehe Fotos.

Krickente *Anas crecca* (→ 41)

J | F | M | A | M | J | J | A | S | O | N | D

En: Eurasian Teal
Fr: Sarcelle d'hiver
Es: Cerceta común
It: Alzavola

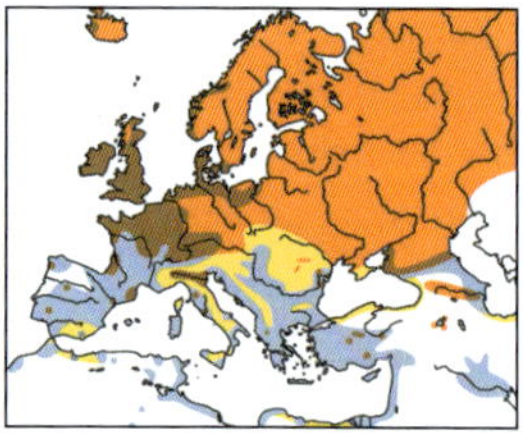

Kleine Gründelente, Männchen mit auffälligen gelben Unterschwanzdecken und rot-grüner Kopffärbung.

Status: Nicht häufiger Brutvogel, regelmäßiger Wintergast.

Kleider: Im Prachtkleid Geschlechter sehr deutlich unterschiedlich, Männchen im Schlichtkleid sehr ähnlich Weibchen. Im Jugendkleid Flanken eher gestrichelt und weniger dunkel geschuppt als bei ad. Weibchen.

Stimme: Sowohl im Flug als auch vom Wasser her sind die hohen Pfiffe der männlichen Krickente auf Distanz zu hören, bei der Gemeinschaftsbalz viele gleichzeitig.

Ähnliche Arten: Weibchen ähnlich Knäkente, aber am Kopf nicht so kontrastreich gezeichnet. Männchen im Prachtkleid durch gelbe Unterschwanzdecken und grüne Augenmaske nur mit Carolinakrickente zu verwechseln.

Pfeifente *Mareca penelope* (→ 35)

J F M A M J J A S O N D

En: Eurasian Wigeon
Fr: Canard siffleur
Es: Silbón europeo
It: Fischione

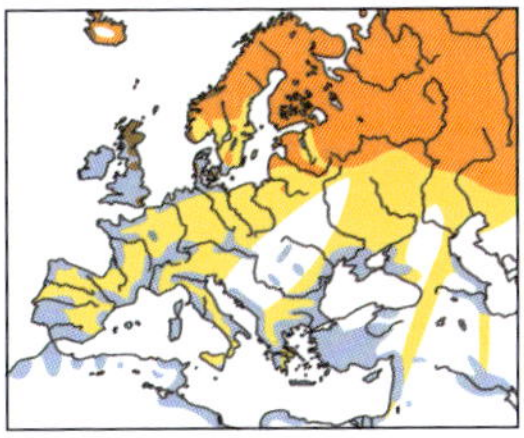

Eine mittelgroße Ente, die durch den runden Kopf und kleinen Schnabel an eine kleine Gans erinnert.

Status: Lokaler Brutvogel an der Küste, selten auch im Binnenland, regelmäßiger Gastvogel.

Kleider: Im Prachtkleid Geschlechter sehr deutlich unterschiedlich, siehe Fotos. Männchen im Schlichtkleid ähnlich Weibchen, aber rötlicher und mit weißem Flügelfeld. Jugendkleid ähnlich ad. Weibchen, aber unterseits weniger gemustert, Männchen im 2. Kalenderjahr haben ein gräuliches, noch nicht reinweißes Flügelfeld.

Stimme: Das wiederholte scharfe „píu" der Männchen unterscheidet sich deutlich von den Rufen anderer Enten und verrät sofort die Anwesenheit von Pfeifenten.

Ähnliche Arten: Auch die Männchen von Tafel- und Kolbenente sind rotköpfig. Zur Unterscheidung der braunen Weibchen siehe Fotos.

Tafelente *Aythya ferina* (→ 50)

J F M A M J J A S O N D

En: Common Pochard
Fr: Fuligule milouin
Es: Porrón europeo
It: Moriglione

Mittelgroße Tauchente mit relativ langem Hals.

Status: Seltener Brutvogel, regelmäßiger Gastvogel, teils große Mauserkonzentrationen.

Kleider: Im Prachtkleid Geschlechter sehr deutlich unterschiedlich, siehe Fotos. Schlichtkleid der Männchen ähnelt dem Prachtkleid, aber insgesamt matter und im Prachtkleid schwarze Bereiche sind grau. Jugendkleid ähnlich ad. Weibchen, aber Oberseite ist mehr braun als grau.

Ähnliche Arten: Zur Unterscheidung der braunen Entenweibchen eignet sich die typische Gestalt von Kopf und Schnabel gut.

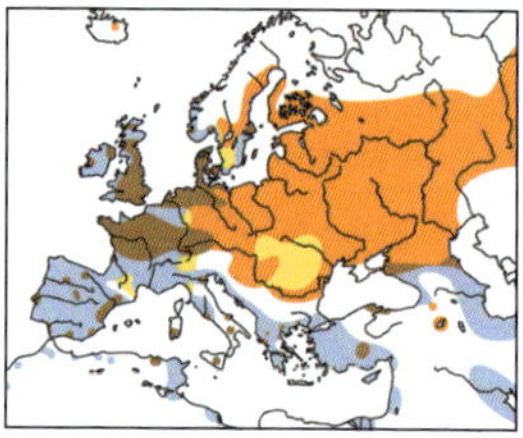

Reiherente *Aythya fuligula* (→ 55)

En: Tufted Duck
Fr: Fuligule morillon
Es: Porrón moñudo
It: Moretta

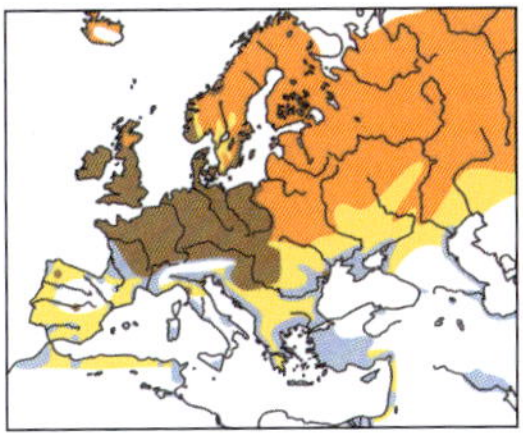

Kleine, kurz wirkende Tauchente; die Männchen im Prachtkleid sind charakteristisch schwarz-weiß.

Status: Regional häufiger Brutvogel, häufiger Mausergast und Durchzügler, häufiger Wintergast.

Kleider: Im Prachtkleid Geschlechter sehr deutlich unterschiedlich, siehe Fotos. Männchen erreichen volles Prachtkleid erst im 2. Winter. Männchen im Schlichtkleid gegenüber dem Prachtkleid mit mehr Braun, insbesondere an den Flanken, und mit kürzerem Schopf. Im Jugendkleid mit gelbbrauner statt gelber Iris und hellerer Brust als bei ad. Weibchen.

Ähnliche Arten: Das Weibchen kann mit demjenigen der Bergente verwechselt werden, das jedoch nie einen Ansatz von Schopffedern hat. Zur Verwechslung mit Weibchen und Jungtieren der Kolbenente siehe dort.

Gänsesäger *Mergus merganser* (→ 73)

J F M A M J J A S O N D

En: Common Merganser
Fr: Grand Harle
Es: Serreta grande
It: Smergo maggiore

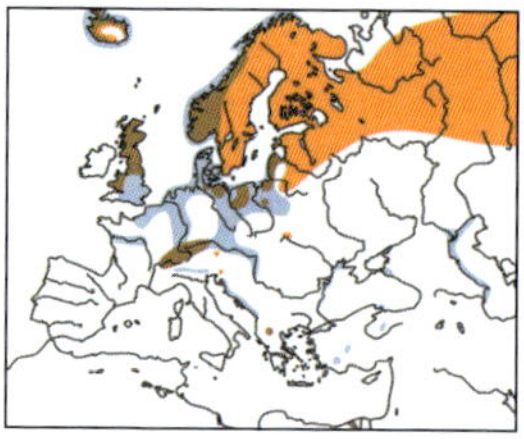

Langgestreckter Entenvogel mit langem Hals und dünnem, langem Schnabel.

Status: Seltener Brutvogel auch im Binnenland, regelmäßiger Gast.

Kleider: Prachtkleid bei Männchen und Weibchen sehr unterschiedlich, siehe Fotos. Das volle Prachtkleid wird erst im 2. Winter erreicht. Schlichtkleid bei Männchen ähnlich Weibchen, aber mehr Weiß im vorderen Armflügel. Jugendkleid sehr ähnlich ad. Weibchen, aber Iris gelb und mit braun-weißem Strich vom Schnabel zum Auge.

Nahe Verwandte: In Mitteleuropa treten drei Sägerarten regelmäßig auf: Gänse-, Mittel und Zwergsäger.

Ähnliche Arten: Weibchen des Mittelsägers haben nur einen kurzen, zottigen Schopf und einen längeren, dünnen Schnabel.

Mauersegler *Apus apus* (→ 382)

J F M A M J J A S O N D

BANU

En: Common Swift
Fr: Martinet noir
Es: Vencejo común
It: Rondone comune

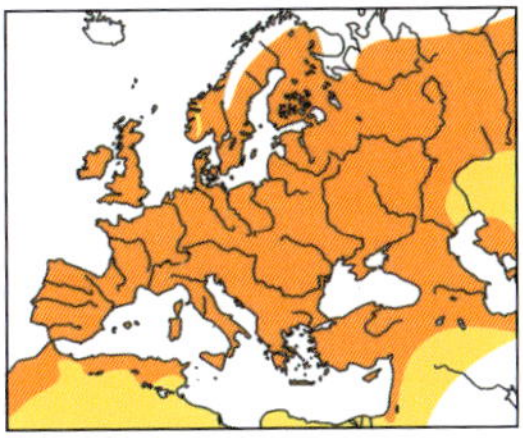

Mittelgroßer, kräftig gebauter, dunkler Segler.

Status: Regelmäßiger Brutvogel und Durchzügler.

Kleider: Geschlechter gleich. Im Jugendkleid Gefieder dunkler, Federn mit hellen Säumen (daher geschuppt), Stirn hell.

Verhaltensweisen: Manövriert oft gruppenweise in schnellem Flug zwischen Gebäuden.

Stimme: Im Flug, oft in schnell zwischen Häusern manövrierenden Gruppen, wird ein lautes, schneidendes „sriiih sriiih" geäußert.

Ähnliche Arten: Der sehr ähnliche Fahlsegler ist insgesamt heller, der Körper ist weniger schlank und die Flügel weniger spitz. Außerdem ist die helle Kehle oft auffälliger.

Kuckuck *Cuculus canorus* (→ 362)

J F M A M J J A S O N D

En: Common Cuckoo
Fr: Coucou gris
Es: Cuco común
It: Cuculo

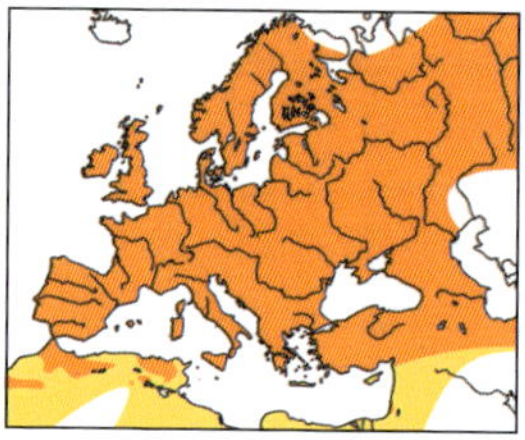

An einen etwas dickbäuchigen kleinen Falken erinnernder Vogel mit gewellter Brustzeichnung und im Sitzen oft hängenden Flügeln.

Status: Regelmäßiger Brutvogel und Durchzügler.

Kleider: Adulte Männchen immer mit grauem Kopf und Hals und grauer Oberseite. Bei adulten Weibchen tritt eine braune und eine graue Morphe auf. Letztere ähnlich Männchen, aber mit grau-bräunlicher Querbänderung an Kehle und Brust. Im Jugendkleid ähnlich braunem Weibchen, aber mehr graubraun und mit weißem Nackenfleck.

Verhaltensweisen: Sitzt oft mit hängenden Flügelspitzen.

Stimme: Der namensgebende Gesang zeigt die Anwesenheit des Kuckucks häufiger als sein Anblick.

Ähnliche Arten: Durch die spitzen Flügel im Flug ggf. mit Falke verwechselbar, aber untersetzter und mit längerem Schnabel.

Straßentaube

Columbia livia f. domestica (→ 345)

J F M A M J J A S O N D

4 BANU

En: Feral Pigeon
Fr: Pigeon domestique
Es: Paloma callejera
It: Piccione di strada

Die typische, oft in Grautönen gefärbte Taube menschlicher Siedlungen.

Status: Häufiger Brutvogel in allen größeren menschlichen Siedlungen.

Kleider: Geschlechter gleich. Im Jugendkleid ohne metallische Farben an Kopf oder Hals und kontrastärmer.

Verhaltensweisen: Bewegt beim Laufen den Kopf ruckartig vor und zurück.

Stimme: Bei Verbeugebalz ein wiederholtes, dumpf gurrendes „grrr-gruh“. Weitere dumpfe Rufe.

Ähnliche Arten: Einige Gefiedervarianten können an kleine Möwen oder Watvögel erinnern.

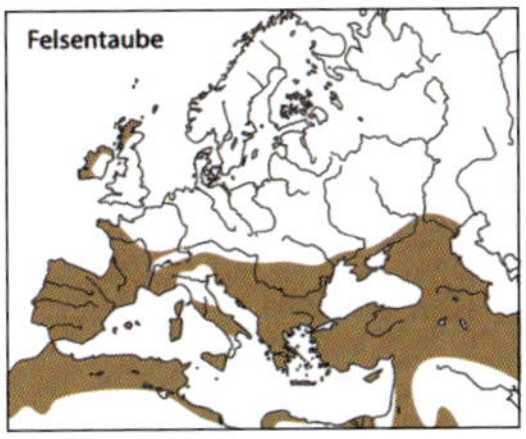

Ringeltaube *Columba palumbus* (→ 347)

J F M A M J J A S O N D

En: Common Wood Pigeon
Fr: Pigeon ramier
Es: Paloma torcaz
It: Colombaccio

BANU

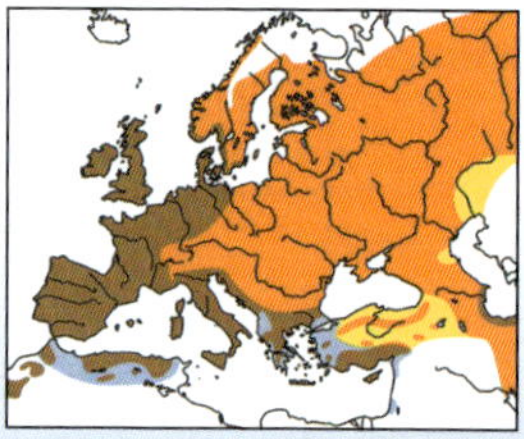

Große, plumpe Taube mit weißem Flügelband, im Adultkleid mit auffälligem weißem Halsfleck und gelben (im Jugendkleid schmutzig grünen) Augen.

Status: Regelmäßiger Brutvogel und Durchzügler, regional auch Jahresvogel.

Kleider: Geschlechter gleich. Im Jugendkleid mit schwarzem Schnabel, dunkler Iris und ohne metallische Farben an Kopf oder Hals.

Stimme: Der Gesang des Männchens besteht aus wiederholt vorgetragenen, rauen, hohl klingenden, 5-silbigen Motiven „hu-huuu-hu---hu-hu".

Ähnliche Arten: Durch Größe und weißen Halsfleck im Adultkleid unverwechselbar. Jungvögel durch weißes Flügelband von der Hohltaube zu unterscheiden.

Türkentaube *Streptopelia decaocto* (→ 351)

J F M A M J J A S O N D

En: Eurasian Collared Dove
Fr: Tourterelle turque
Es: Tórtola turca
It: Tortora dal collare

BANU

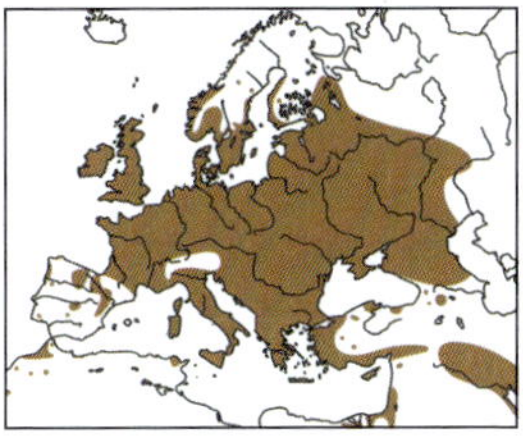

Mittelgroße, überwiegend hell ocker gefärbte, wenig gemusterte Taube mit schwarzem Halbmond am Nacken.

Status: Regelmäßiger Brutvogel, ganzjährig anwesend.

Kleider: Geschlechter gleich. Im Jugendkleid fehlt das schwarze Halsabzeichen.

Verhaltensweisen: Bewegt beim Laufen wie alle Tauben den Kopf ruckartig vor und zurück.

Stimme: Der Gesang besteht aus dem wiederholten, tief geflöteten Motiv „gu-gúu-gu“. Beim Landen ist oft ein charakteristisches nasales „chwäh“, auch als Mehrfachruf, zu hören.

Ähnliche Arten: Mit keiner anderen heimischen Taube zu verwechseln.

Teichhuhn *Gallinula chloropus* (→ 212)

J F M A M J J A S O N D

En: Common Moorhen
Fr: Gallinule poule-d'eau
Es: Gallineta común
It: Gallinella d'acqua

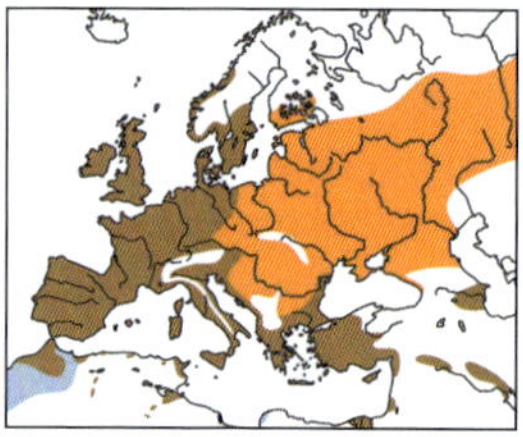

Etwa taubengroße, sehr dunkel gefärbte Ralle mit weißen Unterschwanzdecken und im Adultkleid roter Stirn.

Status: Regelmäßiger Brutvogel.

Kleider: Geschlechter gleich. Im Jugendkleid überwiegend braun.

Verhaltensweisen: Zuckt bei Erregung oft mit dem Schwanz aufwärts, sodass die weißen Seiten aufblinken.

Stimme: Vogel ist oft im Schilf eher zu hören als zu sehen. Lauter Einzelruf „kürrk" oder gereiht „prüt".

Ähnliche Arten: Adulte durch rote Stirn und lange, grünliche Beine kaum verwechselbar.

Blässhuhn *Fulica atra* (→ 213)

J | F | M | A | M | J | J | A | S | O | N | D

5

BANU

En: Eurasian Coot
Fr: Foulque macroule
Es: Focha común
It: Folaga

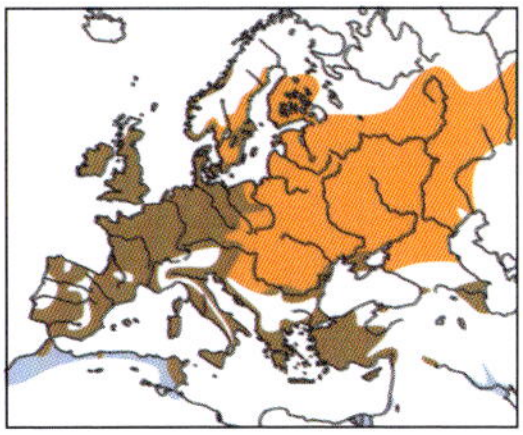

Große Ralle mit rundlichem, breitem Körper, überwiegend schwarzem Gefieder und im Adultkleid weißem Stirnschild.

Status: Regelmäßiger Brutvogel, Durchzügler und Wintergast.

Kleider: Geschlechter gleich. Im Jugendkleid sind Halsseiten und Brust gräulich weiß, der Rest graubraun und der Stirnschild ist noch schwach ausgeprägt.

Verhaltensweisen: Beim Schwimmen wird der Kopf oft ruckartig vor- und zurückbewegt. Kommt nach dem Tauchen wie eine auftauchende Boje an die Oberfläche zurück.

Stimme: An den blechern klingenden Rufen kann man ein aggressives Blässhuhn auch auf Entfernung auf dem Wasser erkennen.

Ähnliche Arten: Kaum zu verwechseln.

Kranich *Grus grus* (→ 203)

J F M A M J J A S O N D

En: Common Crane
Fr: Grue cendrée
Es: Grulla común
It: Gru

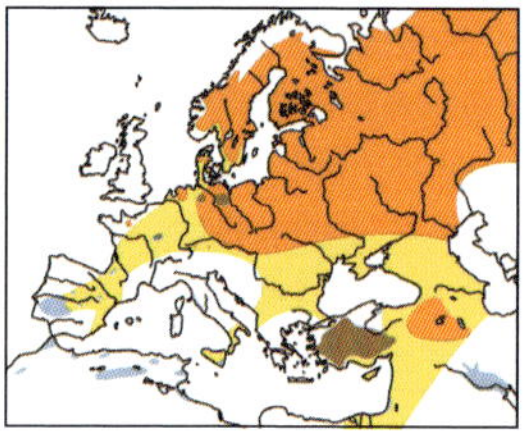

Großer, kräftiger Kranich mit charakteristischer Kopfzeichnung und buschigem Körperende durch speziell geformte Schirmfedern.

Status: Regelmäßiger Brutvogel v. a. im Norden, regelmäßiger Durchzügler entlang der Zugkorridore, andernorts seltener Durchzügler und Wintergast. Neuer Zugweg nördlich und südlich der Alpen.

Kleider: Geschlechter gleich. Adulte zur Brutzeit mit bräunlichem Rücken (durch Einreiben der Federn erreicht, daher kein eigentliches Prachtkleid), sonst Rücken grau. Jugendkleid ohne buschige Schirmfedern und mit braungelbem Kopf ohne Schwarz oder Rot.

Verhaltensweisen: Zieht oft in Keilformation. Nutzt auch Thermik, um kreisend Höhe zu gewinnen.

Stimme: Lautes, weit tragendes Trompeten wie „krruu“ in verschiedenen Klangfarben, auch im Duett. Im Herbst ist aus den wanderndenTrupps oft das hohe, etwas heisere „tschirp“ der Jungvögel herauszuhören.

Ähnliche Arten: Wegen Unterscheidung zum Jungfernkranich siehe Fotos. Graureiher ist kleiner und fliegt nicht mit gestrecktem Hals.

Zwergtaucher *Tachybaptus ruficollis* (→ 91)

J F M A M J J A S O N D

En: Little Grebe
Fr: Grèbe castagneux
Es: Zampullín común
It: Tuffetto

Kleinste heimische Tauchertart mit kurzem, hohem Rücken, wirkt meist aufgeplustert.

Status: Regelmäßiger Brut- und Gastvogel bis etwa 1000 m Meereshöhe.

Kleider: Geschlechter gleich, Schlichtkleid hellbraun mit dunkelbraunem Rücken und Oberkopf, Schnabel heller. Küken graubraun mit streifigem Kopf und Hals und rotem Schnabelansatz. Jugendkleid ähnlich Schlichtkleid, aber mit Resten der Kopfstreifen aus dem Kükengefieder und bereits rötlich getöntem Halsfleck.

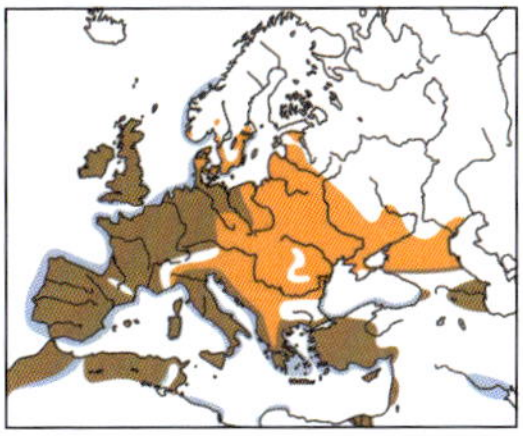

Stimme: Die ansteigende, schnell trillernde Rufreihe „tititititi…" ist auch außerhalb der Brutzeit oft zu hören und wird häufig als Duett vorgetragen, bei dem ein Partner beginnt und der andere einstimmt.

Ähnliche Arten: Im Schlichtkleid durch den runden Kopf leicht von anderen kleinen Lappentauchern zu unterscheiden.

Haubentaucher *Podiceps cristatus* (→ 94)

J F M A M J J A S O N D

6

BANU

En: Great Crested Grebe
Fr: Grèbe huppé
Es: Somormujo lavanco
It: Svasso maggiore

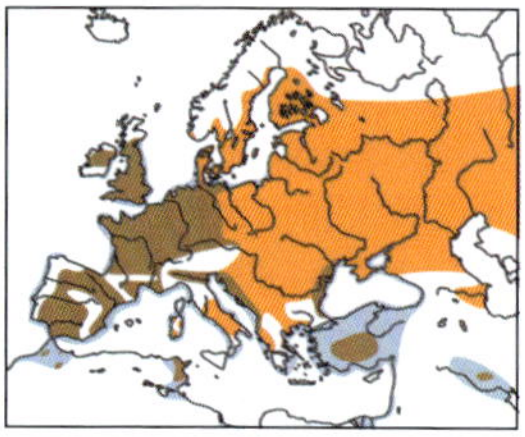

Größter heimischer Lappentaucher mit typischer Federmaske, die im Schlichtkleid stark reduziert ist.

Status: Regelmäßiger Brutvogel, häufiger Durchzügler und Wintergast.

Kleider: Geschlechter gleich. Schlichtkleid ähnlich Prachtkleid, aber ohne den auffälligen Kopfschmuck. Jugendkleid ähnlich Schlichtkleid, zunächst noch mit Resten der Kopfstreifen aus dem Kükengefieder. Küken graubraun mit deutlichem Streifenmuster am Kopf.

Stimme: Zur Brutzeit sind Haubentaucher sehr stimmfreudig, unter anderem mit einem weit tragenden, etwas krähenartigen Ruf „groh“ oder „grah“ bei Aggression.

Ähnliche Arten: Durch Größe, langen Hals und Kopfmaske kaum verwechselbar.

Austernfischer *Haematopus ostralegus*

J F M A M J J A S O N D

(→ 215)

En: Eurasian Oystercatcher
Fr: Huîtrier pie
Es: Ostrero euroasiático
It: Beccaccia di mare

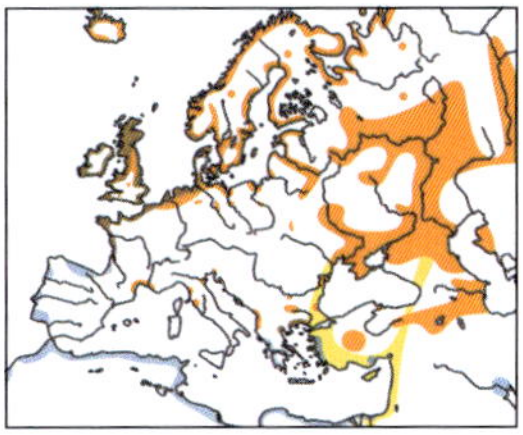

Großer, schwarz-weißer Watvogel mit langem rotem Schnabel.

Status: Regelmäßiger Brut- und Gastvogel an der Nordseeküste, im Binnenland ausnahmsweise.

Kleider: Geschlechter gleich. Im Schlichtkleid mit weißem Halsband. Im Jugendkleid Beine grau bis graurosa, Schnabelspitze dunkel und Rücken mit Braunton. Einjährige sind oberseits immer noch etwas bräunlich schwarz, haben ein Halsband wie beim Schlichtkleid und eine dunkle Schnabelspitze.

Stimme: Sehr stimmfreudig am Boden wie im Flug mit vielfältigen Rufen, darunter ein durchdringendes „kliip" oder „küliep" und lang anhaltende Triller wie „pi-lí...pilí...pilí...".

Ähnliche Arten: Kaum zu verwechseln.

Kiebitz *Vanellus vanellus* (→ 222)

En: Northern Lapwing
Fr: Vanneau huppé
Es: Avefría europea
It: Pavoncella

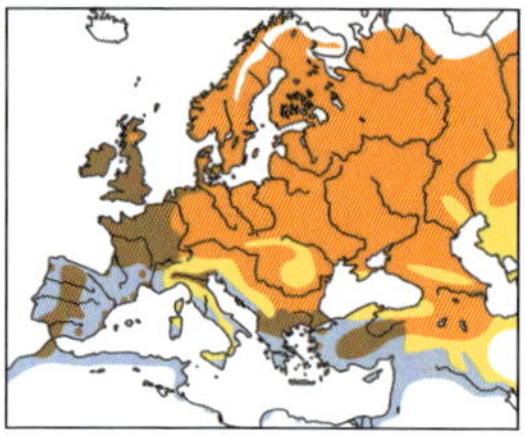

Großer, breitflügeliger, schwarz-weißer Wat- und Wiesenvogel mit typischer Federholle.

Status: Regelmäßiger Brutvogel, mit zunehmenden Verbreitungslücken, lokal auch ausgestorben. Häufiger Durchzügler und Gastvogel, teils in kleiner Zahl überwinternd.

Kleider: Im Prachtkleid haben Männchen einen komplett schwarzen Kehllatz und einen langen Schopf, die Weibchen einen kürzeren Schopf und weißlich durchsetzten Kehllatz. Im Schlichtkleid braun am Hinterkopf und Rückenfedern mit hellbraunen Rändern. Das Jugendkleid ähnelt dem Schlichtkleid, die Rückenfedern sind aber breiter hellbraun und schwarz gerändert und die Haube ist kürzer und mit Braun durchsetzt.

Verhaltensweisen: Im Brutgebiet werden auffällige Singflüge mit steilen Anstiegen und Sturzflügen vorgeführt.

Stimme: Der Gesang ist ein im auffälligen Flug scharf vorgetragenes, charakteristisches „Kiuuwitt...kjuuwiuh...kiuwiit..."

Ähnliche Arten: Kaum zu verwechseln.

Flussregenpfeifer *Charadrius dubius* (→ 228)

J F M A M J J A S O N D

En: Little Ringed Plover
Fr: Pluvier petit-gravelot
Es: Chorlitejo chico
It: Corriere piccolo

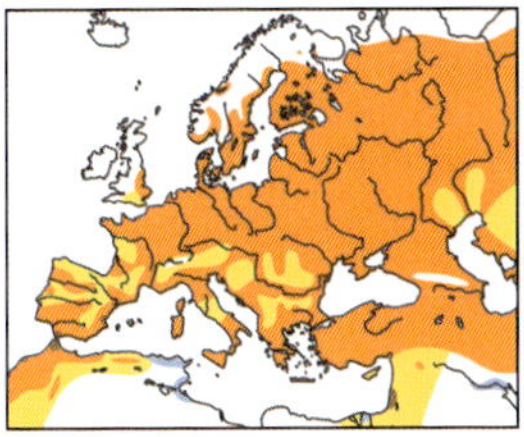

Kleiner Regenpfeifer mit schlankem, kurzem Schnabel und gelbem Augenring.

Status: Seltener Brutvogel, regelmäßiger Durchzügler.

Kleider: Geschlechter ähnlich, im Prachtkleid sind Männchen im Kopfbereich kräftiger und kontrastreicher gefärbt. Im Schlichtkleid ist die Kopfzeichnung nicht mehr schwarz, sondern nur noch dunkelbraun. Im Jugendkleid durch helle Federränder im Rückenbereich fein geschuppt.

Verhaltensweisen: Der geduckte Lauf mit flinken Trippelschritten wird immer wieder durch aufrechtes Verharren unterbrochen.

Stimme: Im Gegensatz zum Sandregenpfeifer ist der Ruf des Flussregenpfeifers scharf absinkend wie „píu".

Ähnliche Arten: Die häufigeren kleinen Regenpfeifer lassen sich am besten am Kopfmuster unterscheiden.

Brachvogel (Großer Brachvogel)

Numenius arquata (→ 239)

En: Eurasian Curlew
Fr: Courlis cendré
Es: Zarapito real
It: Chiurlo maggiore

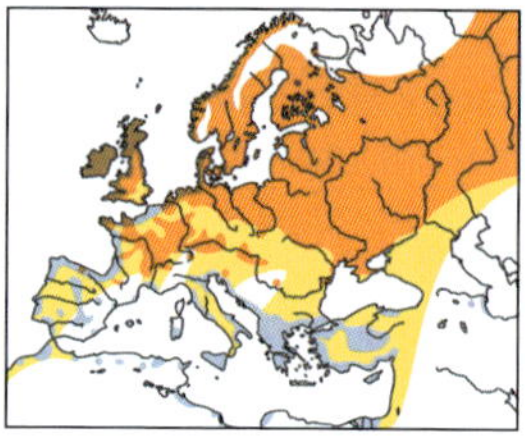

Große Brachvogelart mit langem, abwärts gebogenem Schnabel und langen Beinen.

Status: Lückig verbreiteter, seltener Brutvogel, häufiger Durchzügler und Rastvogel v.a. im Norden.

Kleider: Geschlechter nahezu gleich, Schnabel des Weibchens in der Regel länger und gleichmäßiger gekrümmt. Im Jugendkleid Schnabel kürzer, Rückenfedern deutlich dunkel mit klar abgesetzten hellen Rändern (im Adultkleid diffuser).

Stimme: Ruft flötend laut „tlüih" oder „guili". Der Gesang besteht aus einer aufsteigenden Reihe vibrierender Flötentöne, die am Ende in hohe kräftige Triller wie „klüitt-klüirr..." münden.

Ähnliche Arten: Der Regenbrachvogel ist kleiner, hat Scheitelstreifen und einen kürzeren Schnabel.

Flussuferläufer *Actitis hypoleucos* (→ 260)

En: Common Sandpiper
Fr: Chevalier guignette
Es: Andarríos chico
It: Piro piro piccolo

Mittelgroße, eher kurzschnäbelige Limikole mit mittelmäßig langen Beinen. Gleitet im Flug mit charakteristisch abwärts gebogenen Flügeln.

Status: Seltener Brutvogel, regelmäßiger Durchzügler, selten auch im Winter.

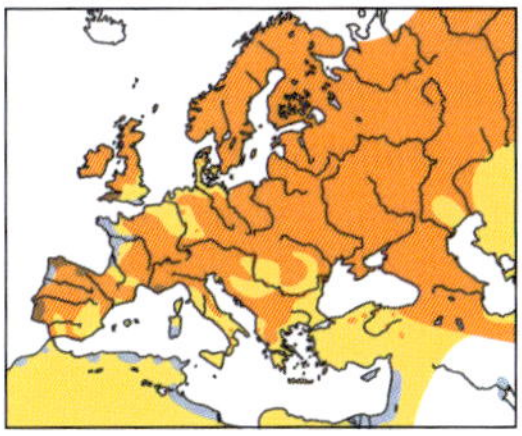

Kleider: Geschlechter gleich. Im Prachtkleid markantes dunkles Muster auf den Rückenfedern, siehe Foto, Brust deutlich fein gestreift. Im Schlichtkleid Zeichnung viel einheitlicher und verwaschener. Im Jugendkleid Rückenfedern mit dunklem Schaftstrich und hellbraunem Rand, dunkle Musterung der Mittleren und Großen Decken ergibt feine Streifung.

Verhaltensweisen: Wippt häufig mit dem Hinterkörper.

Stimme: Beim Abflug erklingt ein sehr charakteristisches, schneidendes „hídididi“, oft gefolgt von weiteren zwei- oder dreisilbigen gleichartigen Rufen.

Ähnliche Arten: Zur Unterscheidung von anderen mittelgroßen eher kurzbeinigen Limikolen siehe Fotos. Siehe speziell auch Drosseluferläufer.

Lachmöwe *Chroicocephalus ridibundus* (→ 307)

En: Black-headed Gull
Fr: Mouette rieuse
Es: Gaviota reidora
It: Gabbiano comune

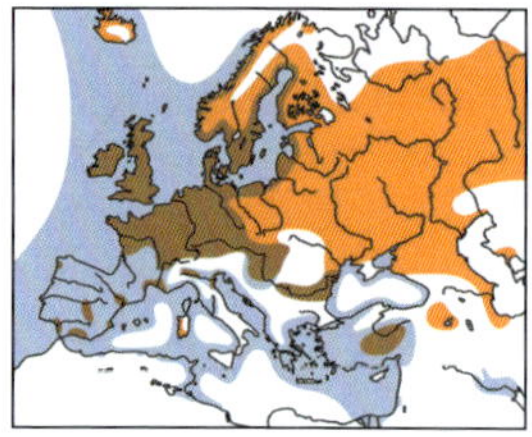

Am weitesten verbreitete kleinere Möwenart, im Prachtkleid mit typischer dunkelbrauner Gesichtsmaske.

Status: Regelmäßiger Brutvogel, Durchzügler und Wintergast.

Kleider: Geschlechter gleich. Im Schlichtkleid ohne schwarzbraunen Kopf, dafür mit deutlichem Ohrfleck, rotem Schnabel mit schwarzer Spitze und rosa-gelblichen Beinen. Jugendkleid bräunlich, oberseits stark gemustert. Im 1. Winter viele Oberflügeldecken mit dunklen Zentren.

Stimme: Vor allem zur Brutzeit rund um die Uhr mit quärrenden Rufen stimmaktiv.

Ähnliche Arten: Unter den kleineren und im Prachtkleid dunkelköpfigen Möwen hat nur die Lachmöwe eine sehr dunkel braune, aber nicht schwarze Maske.

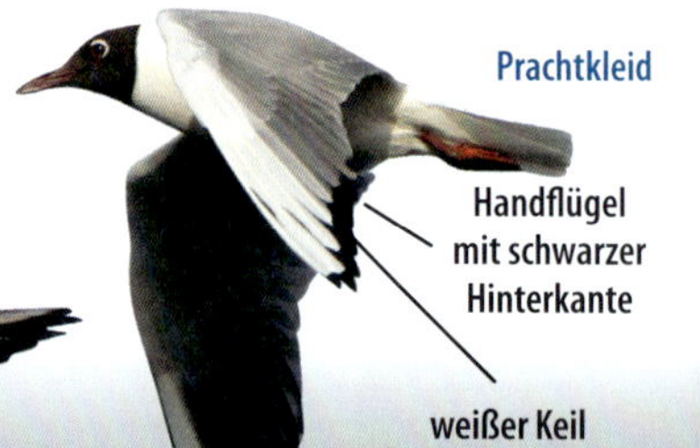

J F M A M J J A S O N D

Heringsmöwe *Larus fuscus fuscus* („Baltische Heringsmöwe“), *L. f. graellsii* („Westliche Heringsmöwe“) und *L. f. intermedius* (→ 323)

En: Lesser Black-backed Gull
Fr: Goéland brun
Es: Gaviota sombría
It: Zafferano

Große, schlanke Möwe mit langen Flügeln, die ihr Alterskleid mit dunkelgrauem Mantel (bei Unterart *fuscus* besonders dunkel) im vierten Kalenderjahr erreicht.

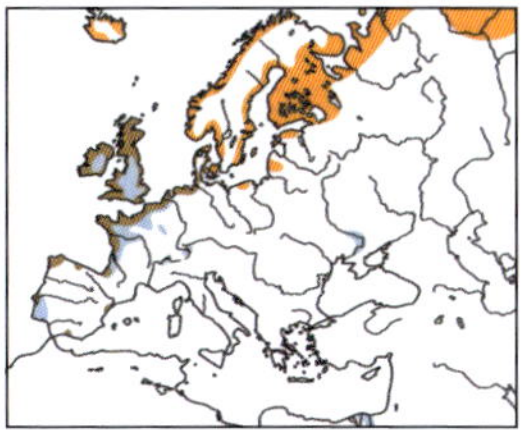

Status: Unterart *intermedius* regelmäßiger Brutvogel v. a. an der Nordsee, regelmäßiger Gast auch im Binnenland. Unterarten *fuscus* und (seltener) *graellsii* kommen als Durchzügler vor.

Kleider: Geschlechter gleich. Im Schlichtkleid Kopf graubraun gesprenkelt. Jugendkleid braun, Rückenfedern dunkelbraun mit hellen Rändern, im 1. Winter bereits deutlich heller und Rückenfedern nicht mehr flächig dunkel, sondern mit dunklen Zentren. Im 2. Winter Mantel bereits großteils hellgrau, im 3. Winter noch Spuren des braunen Jugendkleides. Das volle Prachtkleid mit gelbem Schnabel wird im 4. Lebensjahr erreicht.

Ähnliche Arten: Die Mantelmöwe hat im Adultkleid ebenfalls einen dunklen Mantel, ist aber wesentlich größer.

Silbermöwe *Larus argentatus argentatus* und *L. a. argenteus* (→ 318)

J F M A M J J A S O N D

En: European Herring Gull
Fr: Goéland argenté
Es: Gaviota argéntea europea
It: Gabbiano reale nordico

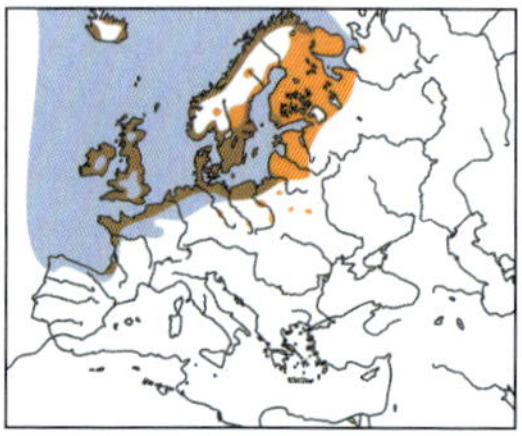

Große Möwe, die im vierten Jahr ihr erstes Prachtkleid mit silbergrauem Mantel bekommt.

Status: Unterart *argentatus* häufiger Brutvogel an der Küste, im Norden auch im Binnenland lokaler Brutvogel und regelmäßiger Gast, im Süden wesentlich seltener. Unterart *argenteus* regelmäßiger Gast (brütet in Nordwest-Europa).

Kleider: Geschlechter gleich. Im Schlichtkleid Kopf graubraun gesprenkelt. Jugendkleid braun, Rückenfedern dunkelbraun mit hellen Rändern, im 1. Winter bereits deutlich heller und Rückenfedern nicht mehr flächig dunkel, sondern mit dunklen Zentren. Im 2. Winter Mantel bereits großteils hellgrau, im 3. Winter noch Spuren des braunen Jugendkleides. Das volle Prachtkleid mit gelbem Schnabel wird im 4. Lebensjahr erreicht.

Stimme: Im Vergleich zur Steppenmöwe sind die Alarmrufe der Silbermöwe etwas tiefer, vor allem aber langsamer.

Ähnliche Arten: Mittelmeer- und Steppenmöwe sind sehr ähnlich, haben jedoch im Adultkleid gelbe und nicht wie die Silbermöwe fleischfarbene Beine. Silbermöwe im Winterkleid mit stärker gestricheltem Kopf als die beiden anderen Arten.

Mittelmeermöwe *Larus michahellis* (→ 320)

J F M A M J J A S O N D

En: Yellow-legged Gull
Fr: Goéland leucophée
Es: Gaviota patiamarilla
It: Gabbiano reale

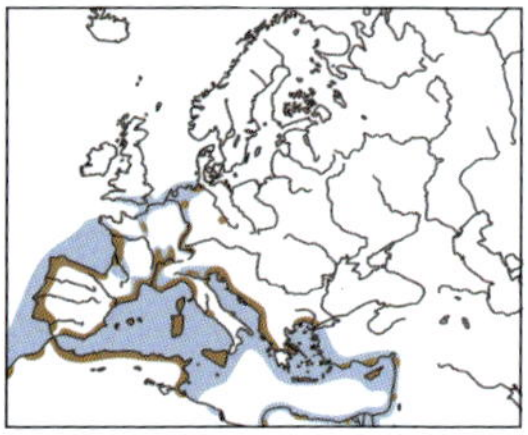

Große, der Silber- und Steppenmöwe sehr ähnliche Möwe und von diesen oft nur schwer zu unterscheiden.

Status: Regelmäßiger Brutvogel in geringer Zahl und ganzjährig anwesender Gast v. a. im Süden.

Kleider: Verhältnisse bei den Kleidern sehr ähnlich wie bei der Silbermöwe. Gelbliche Beine ab 3. Winter.

Stimme: Die Alarmrufe der Mittelmeermöwe klingen tiefer und sind langsamer als die der Steppenmöwe.

Ähnliche Arten: Adulte im Prachtkleid von der Silbermöwe an den gelben Beinen und dem etwas dunkleren Mantel zu unterscheiden. Die Steppenmöwe hat einen etwas dünneren Schnabel und eine dunkle Iris. Adulte im Schlichtkleid mit schneeweißem Kopf.

Flussseeschwalbe *Sterna hirundo* (→ 332)

J F M A M J J A S O N D

Mittelgroße weißgraue Seeschwalbe mit roten Beinen, rotem Schnabel mit schwarzer Spitze, und schwarzer Kappe.

En: Common Tern
Fr: Sterne pierregarin
Es: Charrán común
It: Sterna comune

Status: Regelmäßiger Brutvogel vor allem im Norden und an der Küste, im Binnenland nur an wenigen Stellen. Regelmäßiger Durchzügler.

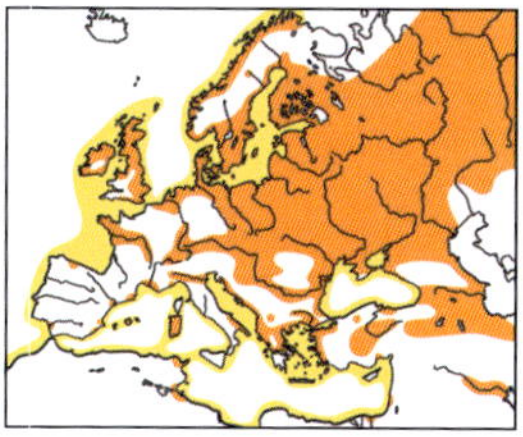

Kleider: Geschlechter gleich. Im Schlichtkleid Stirn weiß. Im Prachtkleid schwarze Kappe vorn bis zum schwarzen Schnabel. Im Jugendkleid Rückenfedern hellbraun mit außen heller, dahinter dunkler Spitze, wobei das Braun bis Winter durch Abnutzung weitgehend verschwindet.

Stimme: Häufigster Ruf ist ein schneidendes „kiirrräh" oder „kiärrih", meistens zwei- bis dreisilbig und etwas tiefer als bei der Küstenseeschwalbe.

Ähnliche Arten: Sehr ähnlich Küstenseeschwalbe, jedoch Beine etwas länger und schlanker Schnabel im Prachtkleid orangerot (nicht dunkelrot) und meist mit schwarzer Spitze. Unterseite heller als Oberseite, Flügel überragen die relativ kurzen Schwanzspieße. Im Jugendkleid oberseits sandbraun (nicht überwiegend grau).

Weißstorch *Ciconia ciconia* (→ 154)

J F M A M J J A S O N D

En: White Stork
Fr: Cigogne blanche
Es: Cigüeña blanca
It: Cicogna bianca

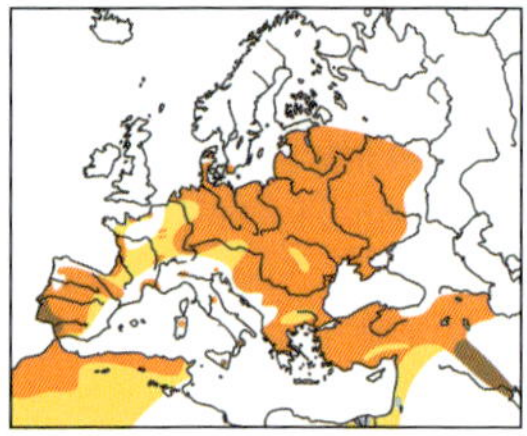

Storch mit weißem Kopf und Hals.

Status: Regelmäßiger Brutvogel und Durchzügler, seltener Wintergast.

Kleider: Geschlechter gleich, Jugendkleid sehr ähnlich Adultkleid, aber Beine heller und Schnabel etwas kürzer und mit dunkler Spitze.

Stimme: Charakteristisches Schnabelklappern am Horst, häufig von beiden Partnern im Duett.

Ähnliche Arten: Kaum zu verwechseln, beim Schwarzstorch sind Rücken, Hals und Kopf schwarz.

Kormoran *Phalacrocorax carbo carbo*

(„Atlantischer Kormoran“) und *P. c. sinensis* (→ 132)

J F M A M J J A S O N D

En: Great Cormorant
Fr: Grand Cormoran
Es: Cormorán grande
It: Cormorano

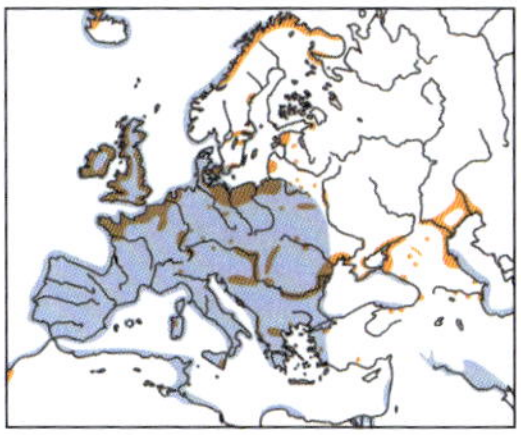

Überwiegend schwarz gefärbter, schlanker und langhalsiger Wasservogel mit langgestrecktem Hakenschnabel.

Status: Regelmäßiger Brutvogel, Durchzügler und Wintergast. Unterart *carbo* überwiegend an der Nordsee-/Atlantikküste (ausnahmsweise Binnenland), *sinensis* in Ostsee und Binnenland.

Kleider: Geschlechter gleich. Im Schlichtkleid ohne deutliche „Borsten“ am Hinterkopf, weniger kontrastreiche Kopffärbung ohne weiße Federchen in der Kappe, weniger glänzendes Gefieder und ohne den weißen Fleck am Oberschenkel. Im Jugendkleid sehr variabel bräunlich, Oberseite immer dunkel, Unterseite manchmal weiß. In den beiden Folgejahren immer dunkler, bis im 4. Kalenderjahr das glänzend schwarze Prachtkleid erreicht wird.

Verhaltensweisen: Sitzt nach dem Jagen mit abgespreizten Flügeln aufrecht in charakteristischer Pose zum Trocknen da.

Ähnliche Arten: Beim Schwimmen wird der Schnabel schräg nach oben gehalten.

Graureiher *Ardea cinerea* (→ 146)

En: Grey Heron
Fr: Héron cendré
Es: Garza real
It: Airone cenerino

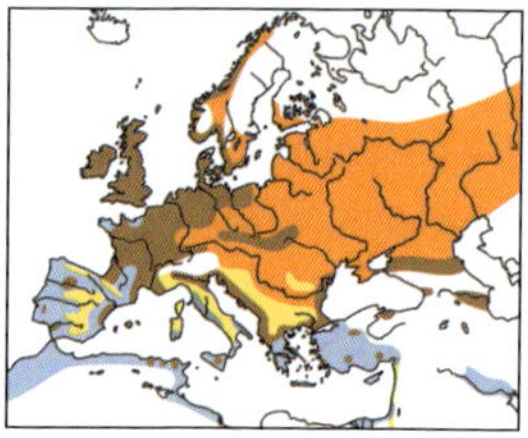

Großer Reiher mit überwiegend grauen Gefiedertönen.

Status: Häufiger Brutvogel.

Kleider: Geschlechter gleich. Im Jugendkleid Scheitel einfarbig grau, im 2. Winter bereits mit schwarzem Kopfseitenstreif, im Adultkleid dann mit weißer Stirn.

Verhaltensweisen: Steht bei der Jagd oft längere Zeit wie eingefroren bereit zum Zustoßen da.

Stimme: Ruft im Flug, auch bei Nacht, ein hartes, einsilbiges und schrilles „kraik"

Ähnliche Arten: Kaum zu verwechseln, der ebenfalls graue Kranich hat eine andere Gestalt und ist deutlich größer.

Silberreiher *Ardea alba* (→ 149)

J F M A M J J A S O N D

En: Great Egret
Fr: Grande Aigrette
Es: Garceta grande
It: Airone bianco maggiore

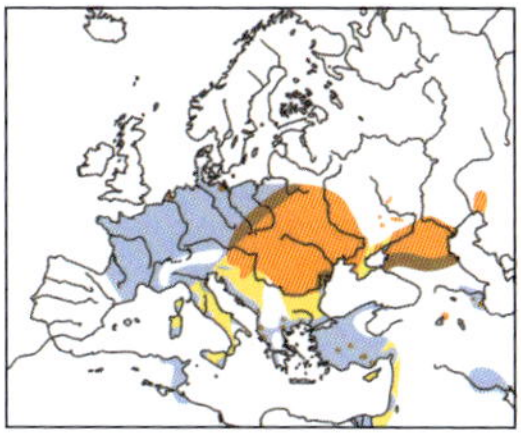

Ein großer, reinweißer Reiher.

Status: Regelmäßiger Gast, einzelne Bruten in Mitteleuropa, häufigerer Brutvogel vor allem östlich davon. Viele Wintergäste aus Belarus, Ukraine.

Kleider: Geschlechter gleich. Im Prachtkleid mit dunklem Schnabel und langen Schmuckfedern an Brust und Rücken. Im Schlichtkleid ist der Schnabel gelb. Das Jugendkleid ähnelt sehr dem Schlichtkleid.

Stimme: Fast immer stumm. Nur selten hart ratternde Rufe.

Ähnliche Arten: Andere weiße Reiherarten sind kleiner.

Sperber *Accipiter nisus* (→ 179)

J | F | M | A | M | J | J | A | S | O | N | D

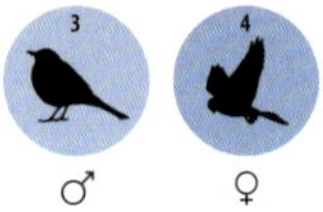

En: Eurasian Sparrowhawk
Fr: Épervier d'Europe
Es: Gavilán común
It: Sparviere

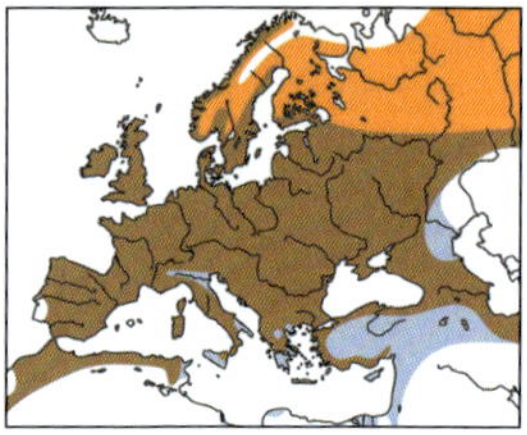

Kleiner Greifvogel mit runden Flügeln und relativ langem Schwanz.

Status: Verbreiteter Brutvogel, Durchzügler und Wintergast.

BANU

Kleider: Weibchen deutlich größer als Männchen, beide Geschlechter im Adultkleid gut unterscheidbar, siehe Fotos. Jugendkleid: braun, am Bauch grobe dunkelbraune Querbänderung.

Verhaltensweisen: Beim Flug über offenes Gelände wechseln meist Schlag- und Gleitflugphasen ab, während der Turmfalke kaum gleitet.

Stimme: Einsilbiger Ruf „tjik - tjik...", in langer Reihung, anders als Kurzfangsperber, aber ähnlich dem Beunruhigungsruf des Habichts in Nestnähe.

Ähnliche Arten: Im Gegensatz zum Habicht zeigen Sperber im Flug einen ziemlich gerade endenden, eckigen Schwanz, einen schlanken Hüftbereich und wirken „halslos"

Rotmilan *Milvus milvus* (→ 180)

J F M A M J J A S O N D

En: Red Kite
Fr: Milan royal
Es: Milano real
It: Nibbio reale

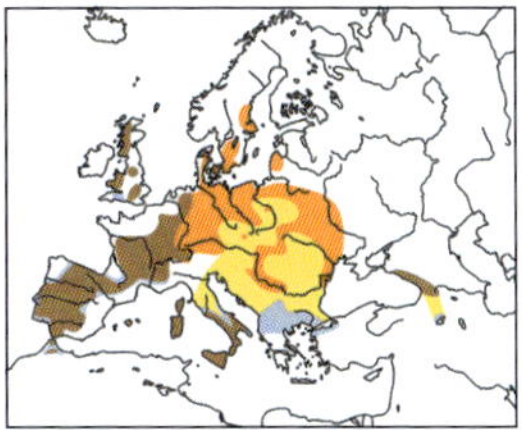

Mittelgroßer, kontrastreich gefärbter Greifvogel mit langen Flügeln und deutlich gegabeltem Schwanz.

Status: Regelmäßiger Brutvogel, Überwinterer und Durchzügler.

Kleider: Geschlechter gleich. Im Jugendkleid rötliche Flügelvorderkante deutlicher gesprenkelt, Spitzen der Großen Armdecken hell (dadurch helles Band), Unterschwanzdecken heller als bei ad. und Iris dunkel.

Stimme: Relativ oft zu hörende Rufe „hijüüüüüühie-hie", ähnlich Schwarzmilan, aber im Endteil deutlicheres „Wiehern".

Ähnliche Arten: Schwarzmilan ist dunkler, etwas kleiner und hat viel weniger gegabelten Schwanz.

Schwarzmilan *Milvus migrans* (→ 181)

J F M A M J J A S O N D

En: Black Kite
Fr: Milan noir
Es: Milano negro
It: Nibbio bruno

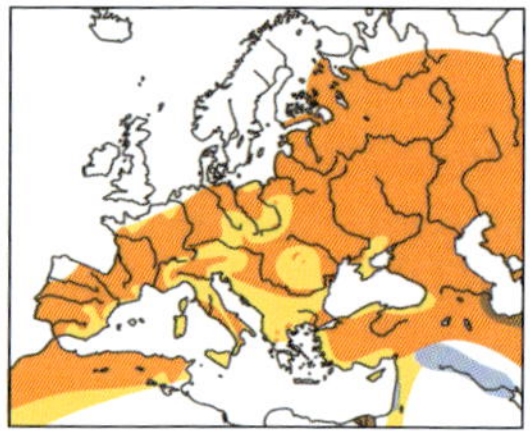

Mittelgroßer, dunkel gefärbter Greifvogel mit schwach gegabeltem („gebuchtetem") Schwanz.

Status: Regelmäßiger Brutvogel und Durchzügler, im Winter nur ausnahmsweise.

Kleider: Geschlechter gleich. Jugendkleid wirkt sprenkeliger durch dunkle Schaftstriche der Federn auf der Oberseite und helle Spitzenflecke auf der Unterseite. Im Jugendkleid außerdem Iris und Augenpartie dunkel.

Stimme: Der häufigste Ruf (neben bussardartigen Rufen) ähnelt stark dem des Rotmilans, ist aber etwas höher und spitzer und das „Wiehern" etwas schneller („piee-gügügügü").

Ähnliche Arten: Siehe Rotmilan.

Mäusebussard *Buteo buteo buteo*

und *B. b. vulpinus* („Falkenbussard“) (→ 184)

J F M A M J J A S O N D

En: Common Buzzard
Fr: Buse variable
Es: Busardo ratonero
It: Poiana

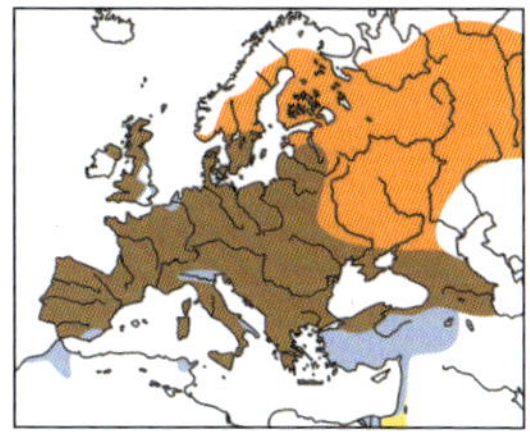

Mittelgroßer Greifvogel mit breiten Flügeln, mäßig langem gerundetem Schwanz und sehr variablem Gefieder von fast weiß bis dunkelbraun.

Status: Unterart *buteo* regelmäßiger Brutvogel, Durchzügler und Wintergast. Unterart *vulpinus* seltener Gast, Brutvogel vom nordöstlichen Europa an ostwärts.

Kleider: Beide Unterarten sehr variabel im Gefieder, deutliche Überlappung im Färbungsmuster. Im Jugendkleid trägt der Schwanz zwar dünne Linien, aber keine deutliche dicke Schwanzbinde und die Bruststrichelung ist vertikal angeordnet (später quer gebändert). Der „Falkenbussard“ ist insgesamt wärmer rostfarben getönt und das helle Brustband kann fehlen (aber auch hier gibt es große Färbungsvarianz).

Stimme: Häufigster Ruf ist das typische miauende „hijää“, bei Beunruhigung bzw. als Warnruf auch schärfer „pijääh“.

Ähnliche Arten: Vom Raufußbussard gut unterscheidbar durch den immer eng gebänderten Schwanz und die unbefiederten Beine, die deshalb stets gelb wirken.

Schleiereule *Tyto alba alba* und *T. a. guttata* (→ 363)

J F M A M J J A S O N D

En: Western Barn Owl
Fr: Effraie des clochers
Es: Lechuza común
It: Barbagianni

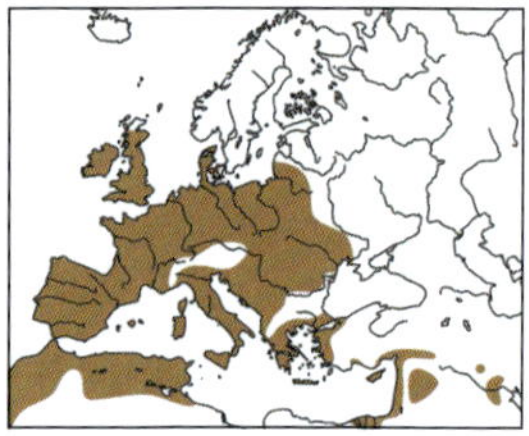

Durch den herzförmigen hellen Gesichtsschleier unverwechselbare, mittelgroße, langbeinige Eule.

Status: Unterart *guttata* regelmäßiger Brutvogel, ganzjährig anwesend, Unterart *alba* seltener Gast (brütet in West- und Südeuropa).

Kleider: Geschlechter gleich. Jugendkleid sehr ähnlich Adultkleid. Unterart *alba* meist mit weißem Bauch, Unterart *guttata* am Bauch meist braun, dies ist aber kein sicherer Hinweis auf die Unterart. Bei Dunenjungen Gesichtsschleier bereits früh erkennbar.

Verhaltensweisen: Schleiereulen würgen Haar- und Knochenreste als etwa daumengroße, dunkle Gewölle aus, die sich unter den Ruheplätzen finden lassen.

Stimme: Nachts kündet oft der schrill schnurrende Laut „gürirrr“ von der Anwesenheit von Schleiereulen. Ähnlich das rhythmische Kreischen bettelnder Jungvögel am Brutplatz.

Ähnliche Arten: Unverwechselbar.

Waldkauz *Strix aluco* (→ 370)

J F M A M J J A S O N D

En: Tawny Owl
Fr: Chouette hulotte
Es: Cárabo común
It: Allocco

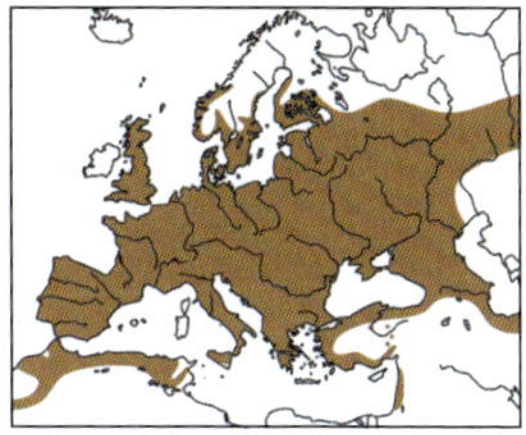

Mittelgroße, kräftige Eule mit großem, rundem Kopf und großen dunklen Augen.

Status: Regelmäßiger Brut- und Standvogel.

Kleider: Geschlechter gleich. Jugendkleid sehr ähnlich Adultkleid, Daunenjunge überwiegend grau meliert. Bei Adulten werden eine graubraune und eine rotbraune Morphe unterschieden.

Verhaltensweisen: Kann zur Brutzeit nahe dem Nest aggressiv gegenüber Menschen reagieren.

Stimme: Das Männchen äußert den typischen, hohl flötenden Kauzgesang „huúuu-u-uhuhu-huuuu“, das Weibchen ruft am häufigsten „kju-witt“, manchmal sind beide im Duett zu hören.

Ähnliche Arten: Der in diesem Buch nicht behandelte, östlich verbreitete Habichtskauz ist größer und heller gemustert und hat nicht die hellen Scheitelstreifen des Waldkauzes.

J F M A M J J A S O N D

Steinkauz *Athene noctua* (→ 375)

En: Little Owl
Fr: Chevêche d'Athéna
Es: Mochuelo europeo
It: Civetta

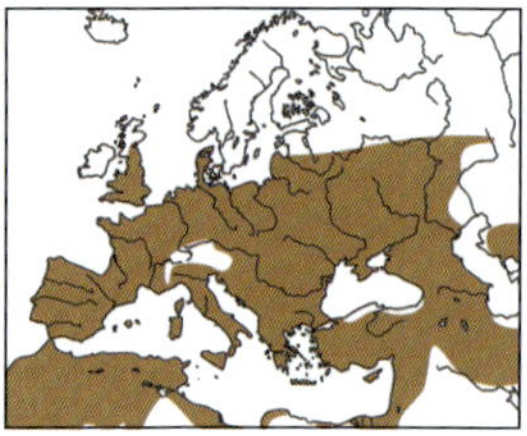

Kleine, braun gemusterte, langbeinige Eule der eher offenen Landschaften.

Status: Regelmäßiger Brutvogel, nicht mehr überall in Mitteleuropa, aber lokal zunehmend.

Kleider: Geschlechter gleich. Im Jugendkleid ist die Brust einfarbig braun und der Scheitel ist noch nicht weiß gepunktet.

Verhaltensweisen: Bei Erregung auffällige Auf- und Abbewegung des ganzen Körpers („Knicksen"), außerdem ruckartige seitliche Bewegungen des Kopfes, um ein Objekt zu fixieren.

Stimme: Der am häufigsten zu hörende Gesang des Männchens ist ein aufsteigendes, fragendes und nasales „guuig?" oder „gwuäig?".

Ähnliche Arten: Durch lange Beine und kurzen Schwanz kaum verwechselbar. Sperlingskauz ist deutlich kleiner.

Waldohreule *Asio otus* (→ 365)

J F M A M J J A S O N D

En: Long-eared Owl
Fr: Hibou moyen-duc
Es: Búho chico
It: Gufo comune

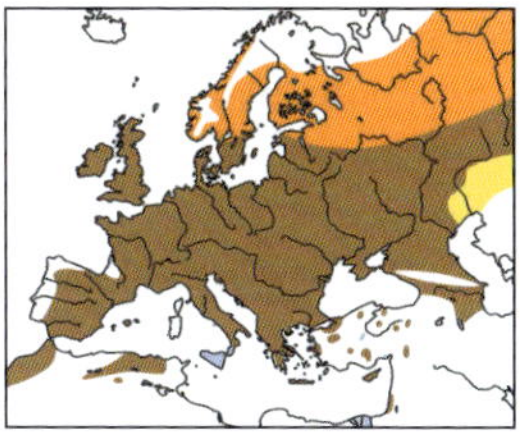

Mittelgroße, braun gemusterte Eule mit orangefarbenen Augen und deutlichen Federohren.

Status: Regelmäßiger Brutvogel und Wintergast.

Kleider: Geschlechter gleich, Jugendkleid sehr ähnlich Adultkleid. Daunenjunge sehr hell braun mit dunklem Gesicht und orangefarbener Iris.

Stimme: Das Männchen singt einsilbig dumpf und eher leise „huh... huh... huh" mit einigen Sekunden Abstand. Das Weibchen singt ähnlich.

Ähnliche Arten: Der ebenfalls Federohren tragende Uhu ist viel größer und die Sumpfohreule hat kleinere Federohren und gelbe Augen.

Eisvogel *Alcedo atthis* (→ 389)

J F M A M J J A S O N D

En: Common Kingfisher
Fr: Martin-pêcheur d'Europe
Es: Martín pescador común
It: Martin pescatore

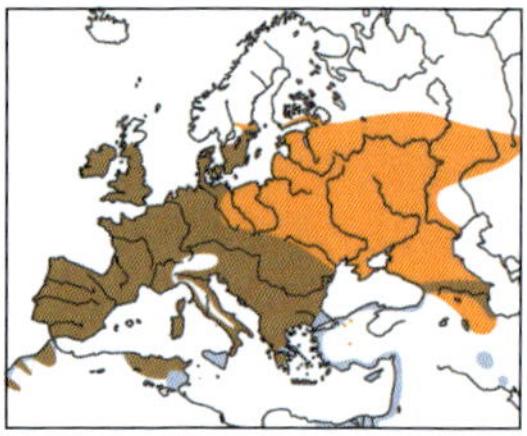

Kleiner, kompakter Vogel mit langem geradem Schnabel, leuchtend blauer Oberseite und orangefarbenem Bauch.

Status: Regelmäßiger, aber nirgends zahlreicher Brutvogel, Durchzügler und Wintergast.

Kleider: Gefieder bei beiden Geschlechtern gleich, aber adulte Weibchen haben eine rote Unterschnabelbasis, Männchen einen komplett schwarzen Schnabel. Im Jugendkleid Gefieder eher grünlich als glänzend blau und Beine grau.

Verhaltensweisen: Bei Erregung wird der Kopf ruckartig gehoben und gesenkt.

Stimme: Oft kündigt sich der Eisvogel durch seinen schrillen, hohen und spitzen Ruf „zit" oder „tsi-tsüh" (manchmal auch mehrfach wiederholt) an, eher er zu sehen ist.

Ähnliche Arten: Unverwechselbar.

J F M A M J J A S O N D

Buntspecht *Dendrocopos major major* und *D. m. pinetorum* (→ 399)

En: Great Spotted Woodpecker
Fr: Pic épeiche
Es: Pico picapinos
It: Picchio rosso maggiore

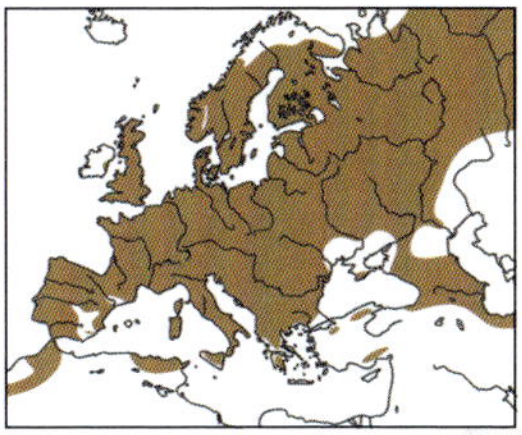

Mittelgroßer, schwarz, weiß und rot gefärbter Specht mit deutlichen weißen Schulterflecken.

Status: Unterart *pinetorum* regelmäßiger, ganzjährig anwesender Brutvogel, Unterart *major* regelmäßiger Durchzügler und Wintergast (brütet in Skandinavien, von Nordpolen bis Sibirien)

Kleider: Ad. Männchen mit rotem Fleck im Nacken, ad. Weibchen am Kopf nur schwarz-weiß, im Jugendkleid ausgedehnt roter Scheitel – auch bei Weibchen, dort aber kleiner.

Stimme: Trommelwirbel aus meist 10 bis 16 Schlägen, am Anfang etwas stärker, gegen Ende verklingend und etwas schneller, der Ruf ist ein scharfes „kix" (auch gereiht).

Ähnliche Arten: Zur Unterscheidung von den anderen schwarz-weiß gefärbten Spechten ist die Verteilung von Rot und Schwarz an Kopf und im Schulterbereich bedeutend.

Schwarzspecht *Dryoscopus martius* (→ 393)

J F M A M J J A S O N D

En: Black Woodpecker
Fr: Pic noir
Es: Picamaderos negro
It: Picchio nero

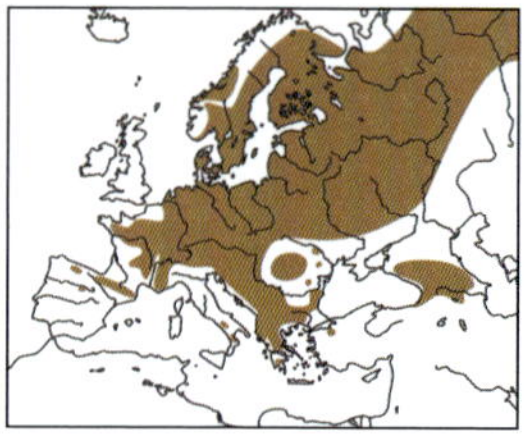

Krähengroßer, ganz schwarzer Specht mit Rot am Kopf.

Status: Regelmäßiger Brutvogel, ganzjährig anwesend.

Kleider: Adulte Männchen mit komplett rotem Oberkopf, bei Weibchen Rot nur am Hinterscheitel. Jugendkleid sehr ähnlich Adultkleid, auch Geschlechterunterschied bereits deutlich.

Stimme: Im Flug wird ein weittragender Ruf „krü-krü-krü..." geäußert, im Sitzen ein gezogener „kliööh"-Ruf. Das reviermarkierende Trommeln ist langsam und kräftig, bis zu 3 Sekunden lang.

Ähnliche Arten: Im Flug von einer Krähe durch hellen Schnabel und Rot mindestens am Hinterkopf unterscheidbar.

Grünspecht *Picus viridis* (→ 395)

J F M A M J J A S O N D

En: European Green Woodpecker
Fr: Pic vert
Es: Pito real euroasiático
It: Picchio verde

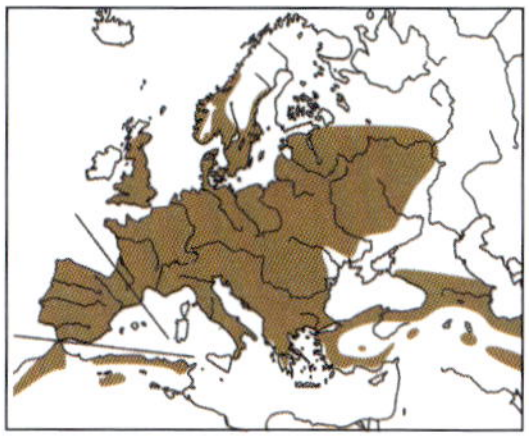

Mittelgroßer grüner Specht, in allen Kleidern mit Rot von der Stirn bis in den Nacken.

Status: Regelmäßiger Brutvogel, ganzjährig anwesend.

Kleider: Adulte Männchen mit innen rotem Bartstreif (Weibchen nur schwarz). Im Jugendkleid an Kopf, Brust und Bauch kräftig dunkel gefleckt, am Rücken hell gefleckt.

Verhaltensweisen: Oft zur Nahrungssuche auf dem Boden unterwegs (Erdspecht).

Stimme: Gesang hart lachend „kjükjükjük", im Unterschied zum Grauspecht kaum in der Tonhöhe fallend. Trommelt sehr selten.

Ähnliche Arten: Grauspecht ist etwas kleiner und nur das Männchen hat am Kopf einen kleinen roten Stirnfleck.

Turmfalke *Falco tinnunculus* (→ 196)

J F M A M J J A S O N D

En: Common Kestrel
Fr: Faucon crécerelle
Es: Cernícalo vulgar
It: Gheppio

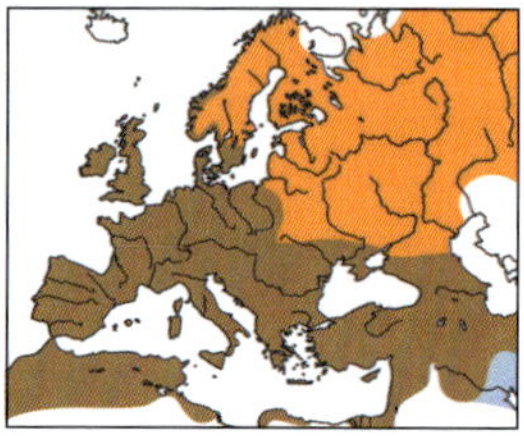

Mittelgroßer Falke mit langen Flügeln und Schwanz.

Status: Regelmäßiger Brutvogel, Durchzügler und Wintergast.

Kleider: Geschlechter im Adultkleid leicht unterscheidbar, siehe Fotos. Jugendkleid sehr ähnlich demjenigen der ad. Weibchen, aber oberseits mehr gelblich und unterseits gröber gestrichelt.

Verhaltensweisen: Eine typische Jagdtechnik besteht darin, im Rüttelflug den Boden nach Beute abzusuchen.

Stimme: Häufig ist eine Rufreihe „kji-kji-kji…" zu hören, die mit Rufen des Kleinspechts verwechselt werden kann, jedoch kräftiger und gepresster klingt.

Ähnliche Arten: Der ähnliche, im Mittelmeerraum beheimatete Rötelfalke ist etwas kleiner und ruft anders. Einige typische Turmfalkenmerkmale fehlen ihm.

Wanderfalke *Falco peregrinus peregrinus* und *F. p. calidus* (→ 187)

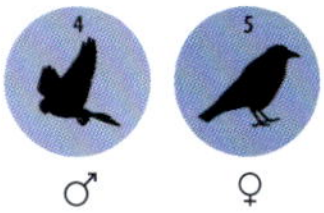

En: Peregrine Falcon
Fr: Faucon pèlerin
Es: Halcón peregrino
It: Falco pellegrino

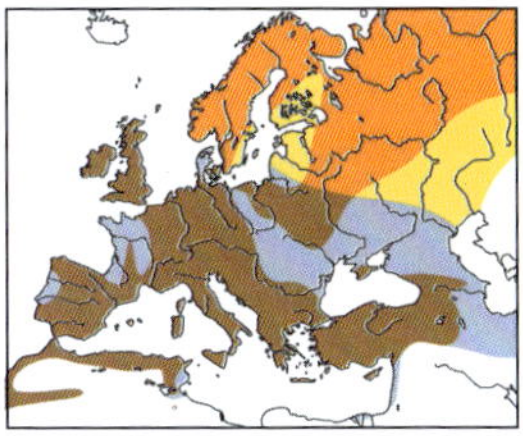

Kräftig gebauter, im Flug „brustlastiger", mittelgroßer Falke. Wid häufig für Falknereizwecke benutzt.

Status: Unterart *peregrinus* regelmäßiger Brut- und Gastvogel, Unterart *calidus* seltener, aber regelmäßiger Durchzügler (Brutvogel der Eurasischen Tundra).

Kleider: Geschlechter nahezu gleich, Weibchen sind größer. Im Jugendkleid ockerfarbener Bauch mit Längsstricheln, im Adultkleid weißer Bauch mit Querbänderung. Unterart *calidus* ist generell etwas heller als *peregrinus*.

Verhaltensweisen: Schlägt nur fliegende Beute im rasanten Stoßflug.

Stimme: Zur Brutzeit lauter als andere Großfalken, oft z. B. „Lahnen" wie „gääi-gääi..." mit etwa eine Sekunde dauernden, anschwellenden Einzelelementen, auch hölzern keckernde Erregungsrufe, zugleich rau und schrill.

Ähnliche Arten: Deutlich größer als der Turmfalke. Andere große Falkenarten sind erheblich seltener.

Neuntöter *Lanius collaris* (→ 408)

J F M A M J J A S O N D

2 BANU

En: Red-backed Shrike
Fr: Pie-grièche écorcheur
Es: Alcaudón Dorsirrojo
It: Averla piccola

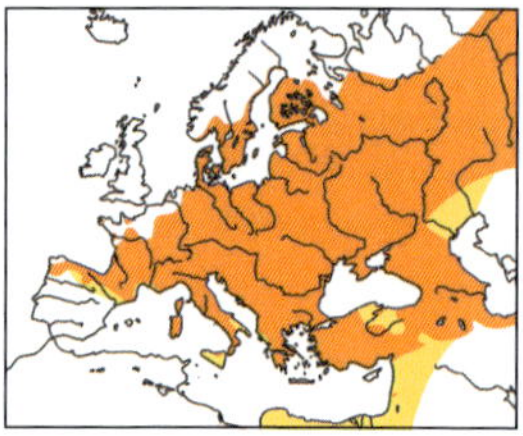

Kräftig gebauter, über sperlingsgroßer Singvogel mit kräftigem hakigem Würgerschnabel und je nach Kleid mehr oder weniger auffälliger Augenmaske.

Status: Regelmäßiger Brutvogel und Durchzügler.

Kleider: Geschlechter im Prachtkleid deutlich unterscheidbar, siehe Fotos. Im Jugendkleid ähnlich Weibchen, aber Stirn und Rücken dunkelbraun gewellt.

Stimme: Flüssiger Wartengesang mit zahlreichen Imitationen.

Ähnliche Arten: Weibchen und Jungvögel des Rotkopfwürgers sind nur wenig größer, haben aber einen kräftigeren Schnabel und sind v. a. am Kopf mehr kastanienbraun getönt. Schulterfedern der braunen Kleider beim Neuntöter haben braune Zentren.

Eichelhäher *Garrulus glandarius* (→ 414)

J F M A M J J A S O N D

BANU

En: Eurasian Jay
Fr: Geai des chênes
Es: Arrendajo Euroasiático
It: Ghiandaia

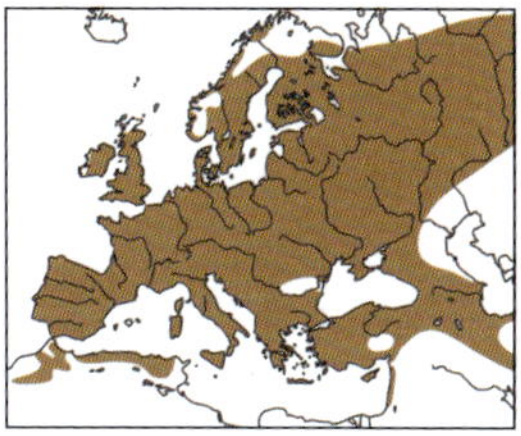

Kleiner Rabenvogel mit überwiegend rosa-braunem Gefieder, markantem Bartstreif und weiß-blau-schwarz- gebänderten Flügeldecken sowie Alula.

Status: Regelmäßiger Brutvogel, Durchzügler und Wintergast, gelegentliche Invasionen aus Nordosten.

Kleider: Geschlechter gleich. Im Jugendkleid Bartstreif mehr braun und Schnabel zunächst heller.

Stimme: Sehr variable Lautäußerungen, darunter auch zahlreiche Imitationen. Häufigster Ruf ist das Rätschen „schräit äät“, das auch allgemein alamierend wirkt.

Ähnliche Arten: Aufgrund der Färbung und der Stimme unverwechselbar.

Elster *Pica pica* (→ 417)

En: Eurasian Magpie
Fr: Pie bavarde
Es: Urraca Común
It: Gazza

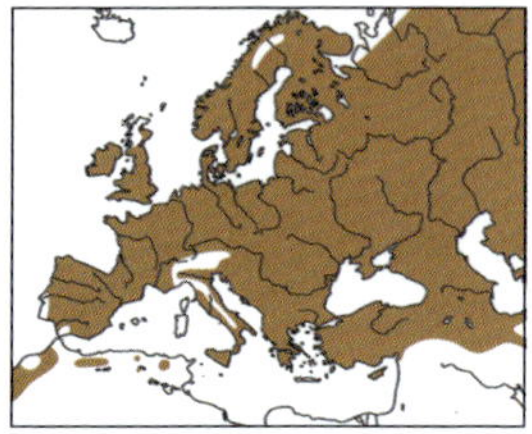

Hochbeiniger, mittelgroßer, schwarz-weißer Rabenvogel mit langem Schwanz und metallisch schimmerndem Großgefieder.

Status: Regelmäßiger Brutvogel, Durchzügler und Wintergast.

Kleider: Geschlechter gleich. Im Jugendkleid zunächst mit kürzerem Schwanz.

Verhaltensweisen: Der Schwanz wird vor allem bei Erregung ruckartig angehoben.

Stimme: Ruft schnell schackernd „gäkgäkgäk" oder „tsche-tsche-tsche".

Ähnliche Arten: Durch den sehr langen Schwanz und das schwarz-weiße Gefieder unverwechselbar.

Dohle *Coloeus monedula monedula, C. m. spermologus* und *C. m. soemmerringii*

(„Halsbanddohle") (→ 421)

J F M A M J J A S O N D

En: Jackdaw
Fr: Choucas des tours
Es: Grajilla Occidental
It: Taccola

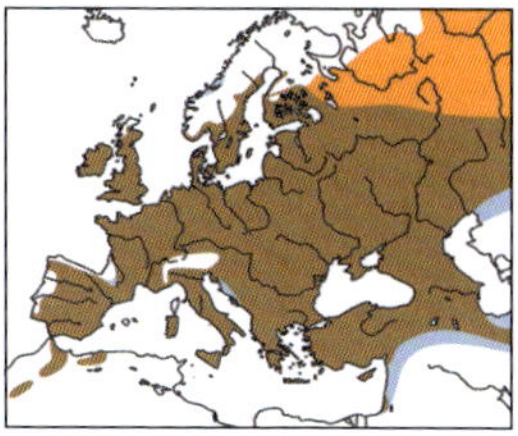

Kleiner, grau und schwarz gefärbter Rabenvogel mit heller Iris und kurzem Schnabel.

Status: Unterart *spermologus* regelmäßiger Brutvogel, Durchzügler und Wintergast, Unterart *monedula* regelmäßiger Wintergast (brütet in Skandinavien), *soemmerringii* seltener Wintergast (aus E-Europa und Asien).

Kleider: Geschlechter gleich. Jugendkleid sehr ähnlich Adultkleid. Unterart *soemmerringii* und z. T. auch andere Unterarten mit hellgrauem Nackenband.

Stimme: Charakteristisch sind die kurzen, lauten und abfallenden Rufe „kjak kjak" oder „kjää kjää".

Nahe Verwandte: Neben den hier dargestellten Rabenvögeln kommen in Mitteleuropa auch noch die gelbschnäbelige Alpendohle und die (seltene) rotschnäbelige) Alpenkrähe vor.

Ähnliche Arten: Größe, graue Gefiederpartien, die helle Iris und der dunkle, kurze Schnabel unterscheiden die Dohle von allen anderen dunklen Rabenvögeln.

Saatkrähe *Corvus frugilegus* (→ 424)

J F M A M J J A S O N D

BANU

En: Rook
Fr: Corbeau freux
Es: Graja
It: Corvo comune

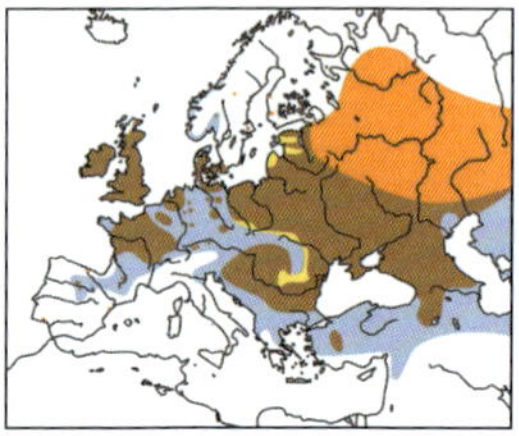

Mittelgroßer, fast rein schwarzer Rabenvogel mit spitzem, geradem Schnabel mit heller Basis und bei Adulten mit nackter Hautpartie am Schnabelansatz.

Status: Regelmäßiger Brutvogel mit lückiger Verbreitung und nicht im Gebirge, regelmäßiger Durchzügler und Wintergast.

Kleider: Geschlechter gleich. Jungvögel haben noch einen schwarz befiederten Schnabelgrund, die nackte helle Gesichtspartie entsteht erst am Ende des ersten Lebensjahres.

Verhaltensweisen: Brütet im Gegensatz zur Rabenkrähe in Kolonien.

Stimme: Ruft tief, sonor und rau „korr“ oder „krah“ und ähnlich einer Dohle kürzer „kjä“.

Ähnliche Arten: Kopfprofil im Gegensatz zu dem der Rabenkrähe mehr eckig, Schnabelfirst gerade und Altvögel mit heller, unbefiederter Schnabelwurzel.

Trupp fliegt zum Schlafplatz

Rabenkrähe *Corvus corone* (→ 425)

J F M A M J J A S O N D

BANU

En: Carrion Crow
Fr: Corneille noire
Es: Corneja Negra
It: Cornacchia nera

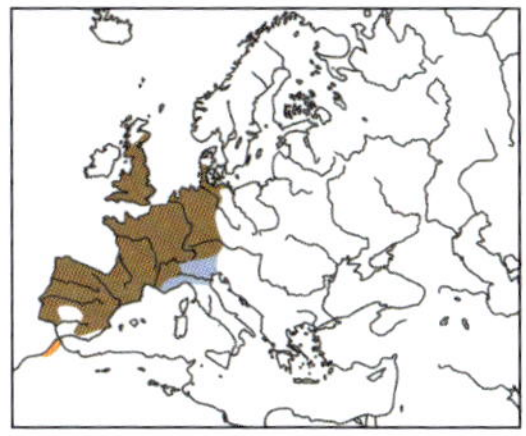

Mittelgroßer, fast rein schwarzer Rabenvogel mit oberseits gewölbtem Schnabel und in allen Kleidern befiederter Schnabelwurzel.

Status: Regelmäßiger, ganzjährig anwesender Brutvogel, Durchzügler und Wintergast.

Kleider: Geschlechter gleich, im Jugendkleid Iris zunächst graublau und Schnabelgrund rötlich, später sehr ähnlich Adultkleid.

Stimme: Der typische Krähenruf ist ein mehrsilbiges metallisches „krääh" oder „kraah", das heller als bei der Saatkrähe klingt. Häufig individuelle Varianten im Klang.

Ähnliche Arten: Mehr rundes Kopfprofil als Saatkrähe, Schnabelfirst gebogen. Der ebenfalls ähnliche Kolkrabe ist größer, hat einen viel kräftigeren Schnabel und einen keilförmigen Schwanz.

Nebelkrähe *Corvus cornix* (→ 426)

J F M A M J J A S O N D

En: Hooded Crow
Fr: Corneille mantelée
Es: Corneja Cenicienta
It: Cornacchia grigia

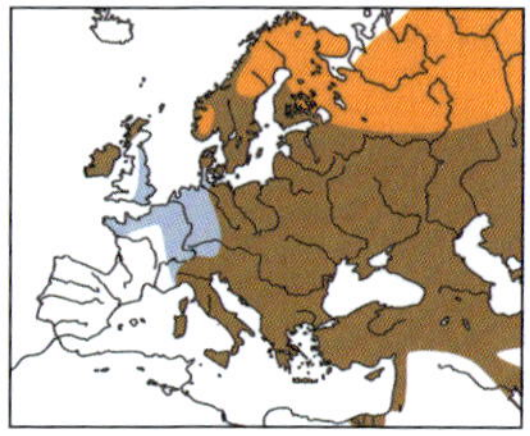

Eine hellgrau und schwarz gefärbte, mittelgroße Krähe, nächstverwandt mit der Rabenkrähe.

Status: Regelmäßiger, ganzjährig anwesender Brutvogel, Durchzügler und Wintergast im Nordosten, im Westen und Süden seltener Gast.

Kleider: Siehe Rabenkrähe. Hybriden mit dieser sind nicht selten, dabei ist der Grauanteil variabel.

Stimme: Ruft wie Rabenkrähe, manchmal etwas blecherner.

Ähnliche Arten: Neben der viel kleineren Dohle der einzige einheimische Rabenvogel mit grauweißen Gefiederanteilen und deshalb unverwechselbar.

Kolkrabe *Corvus corax* (→ 427)

En: Northern Raven
Fr: Grand Corbeau
Es: Cuervo Grande
It: Corvo imperiale

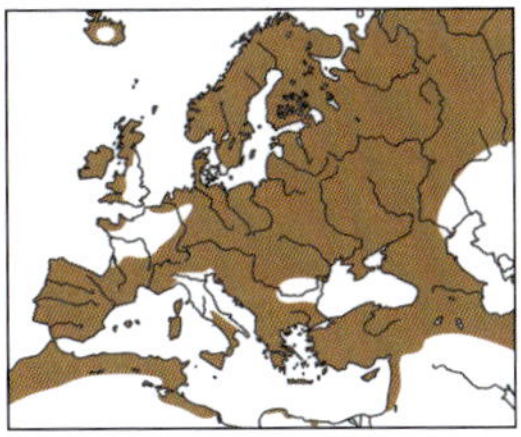

Großer, vollkommen schwarzer Rabenvogel mit kräftigem Schnabel und keilförmigem Schwanz.

Status: Regelmäßiger und ganzjährig anwesender Brutvogel vor allem im Süden und Nordosten, andernorts seltener Gast.

Kleider: Geschlechter gleich.

Verhaltensweisen: Kann im Brutrevier eindrucksvolle Flugspiele zeigen.

Stimme: Häufigster Ruf ist ein tief gurgelndes und etwas hohl klingendes „bra-bra-bra“ oder „kro-kro-kro“ aus kurzen Elementen.

Ähnliche Arten: Die anderen schwarzen Rabenvogelarten sind alle kleiner und haben fächerförmige Schwänze.

Tannenmeise *Periparus ater* (→ 435)

En: Coal Tit
Fr: Mésange noire
Es: Carbonero Garrapinos
It: Cincia mora

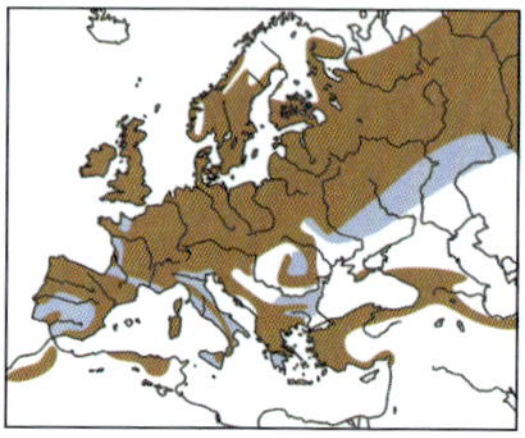

Kleine Meise mit graubraunem Gefieder und schwarz-weißer Kopfzeichnung.

Status: Regelmäßiger Brutvogel, Durchzügler und Wintergast.

Kleider: Geschlechter gleich. Im Jugendkleid schwarze Kopfzeichnung matter.

Verhaltensweisen: Bevorzugt wie die Haubenmeise Nadelbäume.

Stimme: Gesang ist typischerweise eine Reihe von zwei bis vier „witje-witje“-Motiven. Kontaktlaut im Schwarm oder zwischen Partnern ist ein variables „si“.

Ähnliche Arten: Sumpf- und Weidenmeise sind ähnlich gefärbt, haben aber nicht den für die Tannenmeise typischen weißen Fleck an Hinterkopf und Nacken.

Haubenmeise *Lophophanes cristatus* (→ 436)

J F M A M J J A S O N D

En: European Crested Tit
Fr: Mésange huppée
Es: Herrerillo Capuchino
It: Cincia dal ciuffo

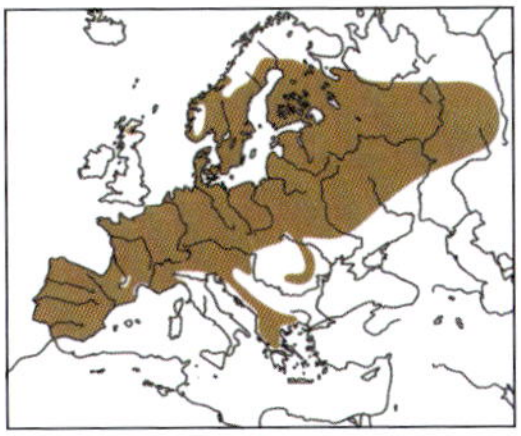

Kleine Meise mit graubraunem Gefieder und aufrichtbarer schwarz-weißer Haube.

Status: Regelmäßiger Brutvogel, Durchzügler und Wintergast.

Kleider: Geschlechter gleich. Jugendkleid sehr ähnlich Adultkleid.

Verhaltensweisen: Bevorzugt wie die Tannenmeise Nadelbäume.

Stimme: Der Ruf „zizi-gürrrr" oder „gürrr-gürrr" ist für die Haubenmeise charakteristisch. Gesang so gut wie nicht bekannt.

Ähnliche Arten: Aufgrund der Haube unverkennbar.

Sumpfmeise *Poecile palustris* (→ 437)

J F M A M J J A S O N D

En: Marsh Tit
Fr: Mésange nonnette
Es: Carbonero Palustre
It: Cincia bigia

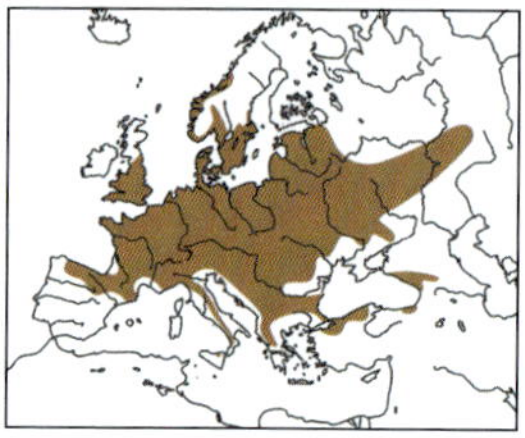

Kleine Meise mit graubraunem Gefieder und schwarz-weißer Kopfzeichnung.

Status: Regelmäßiger Brutvogel, Durchzügler und Wintergast.

Kleider: Geschlechter gleich. Jugendkleid sehr ähnlich Adultkleid.

Stimme: Kontaktruf ist ein variables, scharf herabgezogenes „zju", auch in Kombinationen wie „zje-pist-je-dedede" (wobei die letzten Elemente nicht so breit gezogen werden wie bei der Weidenmeise). Gesang unter anderem kennzeichnend „zi-wüd-zi-wüd...".

Ähnliche Arten: Von der sehr ähnlichen Weidenmeise am besten anhand des Rufes (Weidenmeise: „zizi-dääh dääh") zu unterscheiden. Die Tannenmeise hat einen weißen Fleck im Nacken.

Blaumeise *Cyanistes caeruleus* (→ 433)

J F M A M J J A S O N D

1

BANU

En: Eurasian Blue Tit
Fr: Mésange bleue
Es: Herrerillo Común
It: Cinciarella

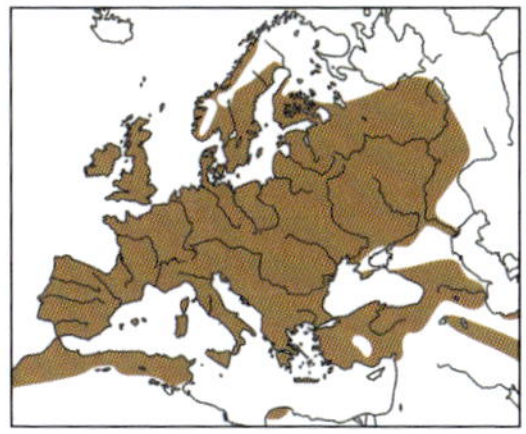

Kleine Meise mit gelbem Bauch und blauer oder mindestens bläulicher Kopfplatte.

Status: Regelmäßiger Brutvogel, Durchzügler und Wintergast.

Kleider: Geschlechter gleich, adulte Weibchen manchmal am Flügelbug weniger leuchtend blau als adulte Männchen. Im Jugendkleid Wangen gelblich statt weiß und Kopfplatte grünblau.

Stimme: Gesang hell klingend „tii-ti-ti-tirrrr" mit hohen klaren Eingangselementen und tieferem Triller. Neben zahlreichen Rufen ist ein nasaler, ansteigender und sich dabei verlangsamender Triller „tscherretretretre" typisch.

Ähnliche Arten: Die einzige andere heimische Meise mit gelbem Bauch ist die größere Kohlmeise, die auch eine andere Kopfzeichnung hat.

Kohlmeise *Parus major* (→ 432)

J F M A M J J A S O N D

En: Great Tit
Fr: Mésange charbonnière
Es: Carbonero Común
It: Cinciallegra

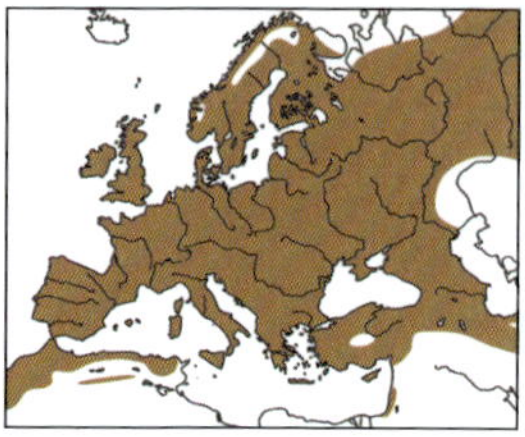

Große Meise mit gelbem Bauch, schwarzem Latz und schwarz-weißer Kopfzeichnung.

Status: Regelmäßiger Brutvogel, Durchzügler und Wintergast.

Kleider: Geschlechter im Adultkleid anhand des schwarzen Bauchstriches unterscheidbar: dieser ist beim Männchen breiter als beim Weibchen und wird nach hinten zu sogar noch breiter. Im Jugendkleid sind die Wangen gelb statt weiß und das ganze Gefieder ist matter und gelbgrün getönt.

Stimme: Singt kurze Strophen aus 1 bis 4 wiederholten Silben, oft anfangsbetont: „zízibebe-zízibebe" oder „di-djü-di-djü…". Rufe vielfältig, typisch in Nestnähe „zi-pink-dädädä". Ahmt auch Stimmen anderer Arten nach.

Ähnliche Arten: Die Blaumeise hat als einzige andere heimische Meise einen gelben Bauch, aber eine andere Kopfzeichnung.

Feldlerche *Alauda arvensis* (→ 453)

J F M A M J J A S O N D

BANU

En: Eurasian Skylark
Fr: Alouette des champs
Es: Alondra Común
It: Allodola

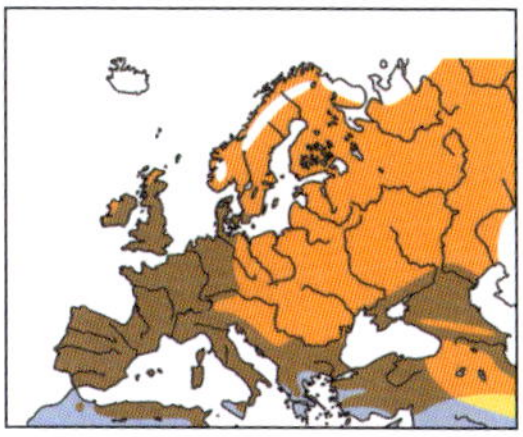

Graubraune, auf der Oberseite und an den Flanken kräftig gestrichelte, mittelgroße Lerche, gelegentlich mit kleiner stumpfer Haube.

Status: Regelmäßiger Brutvogel im Tiefland, teilweise auch in höheren Lagen der Mittelgebirge, gebietsweise verschwunden. Regelmäßiger Durchzügler und in günstigen Gebieten Wintergast.

Kleider: Geschlechter gleich. Im Jugendkleid Scheitel, Wangen, Rücken und Brust mehr getupft als gestrichelt. Flügeldecken mit schwarzem und davor weißem Rand.

Stimme: Gesang wird fast nur im Singflug vorgetragen und besteht aus anhaltendem, schnellem Tirilieren, z. T. auch mit Imitationen anderer Arten.

Ähnliche Arten: Kontrastreicher als Haubenlerche und ohne deren spitze Haube, am Kopf weniger kontrastreich als Heidelerche und ohne deren markante Flügelmarke.

Uferschwalbe *Riparia riparia* (→ 439)

J F M A M J J A S O N D

En: Sand Martin
Fr: Hirondelle de rivage
Es: Avión Zapador
It: Topino

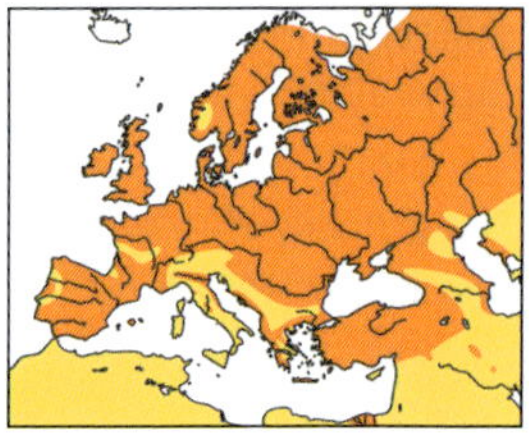

Braune Schwalbe mit weißem Bauch und braunem Brustband.

Status: Regelmäßiger, aber nur lokal häufiger Brutvogel, regelmäßiger Durchzügler.

Kleider: Geschlechter gleich. Im Jugendkleid mit unvollständigem Brustband und oberseits mit Schuppenmuster durch hellbraune Federränder.

Verhaltensweisen: Baut kolonieweise Bruthöhlen in sandigen Abbrüchen in Kies- und Sandgruben oder an Flussufern.

Stimme: Der Ruf klingt reibend „tschrd“ oder „tschr“. Gesangsstrophen bestehen aus solchen rufartigen Elementen.

Ähnliche Arten: Einzige heimische Schwalbe mit braunem Brustband auf weißem Bauch.

Rauchschwalbe *Hirundo rustica* (→ 443)

J F M A M J J A S O N D

En: Barn Swallow
Fr: Hirondelle rustique
Es: Golondrina Común
It: Rondine

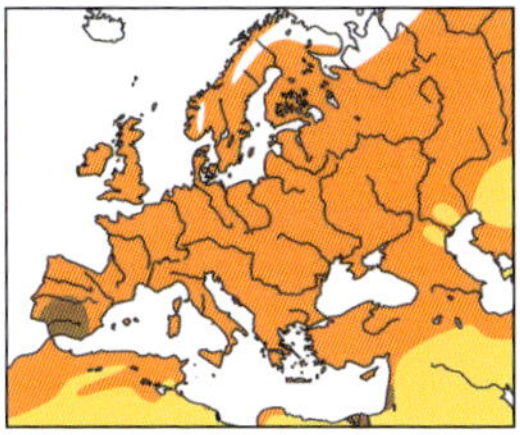

Oberseits durchgehend dunkle Schwalbe mit roter Kehle, schwarzem Brustband und bei Adulten langen Schwanzspießen.

Status: Regelmäßiger Brutvogel und Durchzügler.

Kleider: Geschlechter gleich. Adulte Männchen haben längere Schwanzspieße als adulte Weibchen. Im Jugendkleid Schwanzspieße noch kürzer, Gesichtsfärbung rötlich beige und blaugraue Oberseite nicht glänzend.

Verhaltensweisen: Brütet in Napfnestern meist innerhalb von Gebäuden.

Stimme: Gesang ist ein melodisches, rasches, schwätzendes Zwitschern mit einem langgezogenen Schnurren am Strophenende. Häufigster und kennzeichnender Ruf ist ein zwei- oder mehrsilbiges „wid-wid".

Ähnliche Arten: Rötelschwalbe und Mehlschwalbe haben einen hellen Bürzel.

Mehlschwalbe *Delichon urbicum* (→ 440)

J F M A M J J A S O N D

En: Common House Martin
Fr: Hirondelle de fenêtre
Es: Avión Común
It: Balestruccio

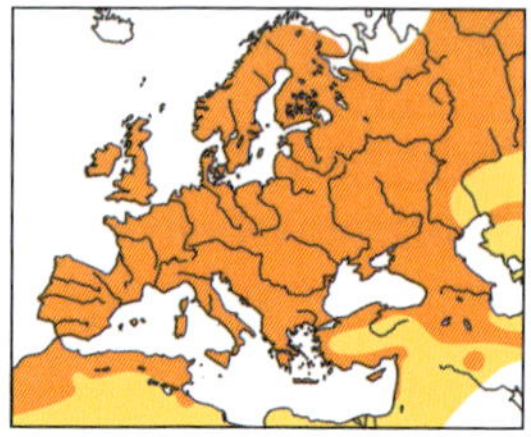

Kleine, oberseits dunkle Schwalbe mit Weiß von der Kehle bis zu den Unterschwanzdecken und weißem Bürzel.

Status: Regelmäßiger Brutvogel und Durchzügler.

Kleider: Geschlechter fast gleich, bei adulten Weibchen Kehle z. T. nicht so strahlend weiß wie bei Männchen. Im Jugendkleid Kehle schmutzig weiß gestrichelt und schwarzbläuliche Oberseite ohne Metallglanz.

Verhaltensweisen: Brütet in kugeligen Nestern mit kleinem Eingang meist außen an Gebäuden.

Stimme: Typisch ist der aus der Ferne weich wie „brüd", aus der Nähe härter wie „prt" oder „pr-pit" klingende Ruf.

Ähnliche Arten: Einzige heimische Schwalbe mit durchgehend dunkler Oberseite und rein weißer Unterseite.

Schwanzmeise *Aegithalos caudatus caudatus* (Weißkopf-Schwanzmeise) und *A. c. europaeus* („Streifenkopf-Schwanzmeise) (→ 454)

J F M A M J J A S O N D

En: Long-tailed Tit
Fr: Mésange à longue queue
Es: Mito Común
It: Codibugnolo

BANU

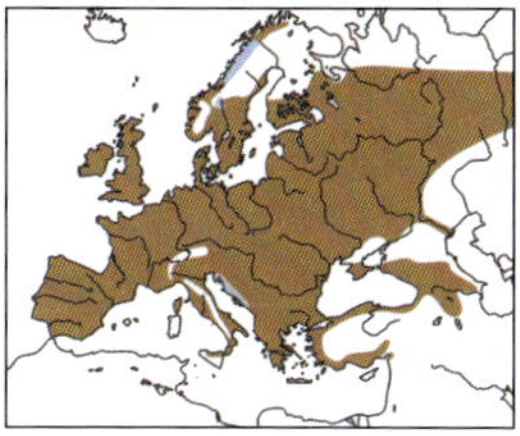

Sehr kleiner Singvogel mit über körperlangem Schwanz und weißem oder schwarz-weiß gestreiftem Kopf.

Status: Unterart *europaeus* regelmäßiger, ganzjährig anwesender Brutvogel, außerdem regelmäßiger Durchzügler und Wintergast, *caudatus* weniger häufiger Wintergast aus Skandinavien und Osteuropa.

Kleider: Geschlechter gleich; im Jugendkleid sind die Bereiche um die Augen herum rußfarben dunkel und die Rosatönung fehlt weitgehend. Unterart *caudatus* mit reinweißem Kopf, *europaeus* (und andere) mit meist deutlichem, manchmal aber auch fast fehlendem, breitem Überaugenstreif.

Stimme: Paare und Gruppen stehen fast ständig über zwei typische Rufe in Kontakt: einerseits bei Alarm ein trocken trillerndes „tserr-tserr...", andererseits ein hohes, oft mehrsilbiges „zi-zi-zi". Im Flug kurzes „pt".

Ähnliche Arten: Unverwechselbar.

Fitis *Phylloscopus trochilus trochilus* und *P. t. acredula* (→ 483)

En: Willow Warbler
Fr: Pouillot fitis
Es: Mosquitero Musical
It: Luì grosso

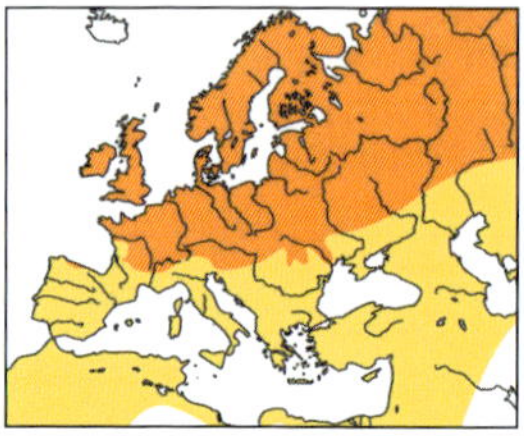

Dem Zilpzalp ähnlicher, graugrüner, mittelgroßer Laubsänger mit gelblicher Brust, weißlichem Bauch und hellen Beinen.

Status: Unterart *trochilus* regelmäßiger Brutvogel, teils mit Verbreitungslücken, und Durchzügler. Unterart *acredula* regelmäßiger Durchzügler (brütet von Skandinavien bis Sibirien).

Kleider: Geschlechter gleich, Jugendkleid sehr ähnlich Adultkleid, aber gesamte Unterseite oft zart gelblich. Nordische Vögel oft wesentlich grauer.

Stimme: Singt eine melodische, weich flötende und melancholisch klingende Strophe „didi dje düe dea dea deida da", die etwas an den Buchfink (ohne dessen Überschlag am Ende) erinnert, aber weicher klingt. Ruf ist ein zweisilbig klingendes „huit" oder „hooid".

Ähnliche Arten: Zur Unterscheidung vom ähnlich gefärbten Zilpzalp siehe Fotos.

J F M A M J J A S O N D

Zilpzalp *Phylloscopus collybita collybita, P. c. abietinus* und *P. c. tristis* („Taigazilpzalp“) (→ 484)

En: Common Chiffchaff
Fr: Pouillot véloce
Es: Mosquitero Común
It: Luì piccolo

Kleiner, wenig kontrastreich gelblich grauer Laubsänger mit dunklen Beinen. Schlägt häufig mit dem Schwanz nach unten.

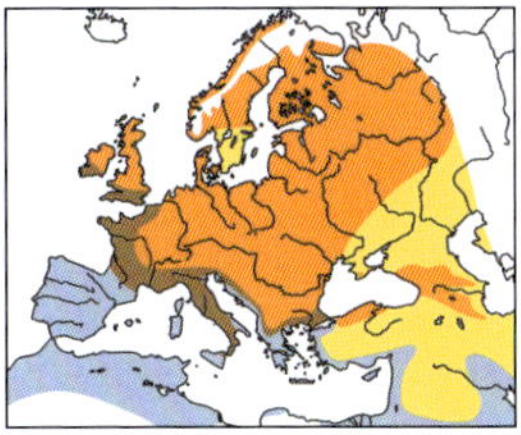

Status: Unterart *collybita* regelmäßiger Brutvogel und Durchzügler, gelegentlicher Wintergast. Unterart *abietinus* regelmäßiger Durchzügler (brütet von Skandinavien bis zum Ural), *tristis* seltener Gast (brütet vom Ural bis zum Iran und östlich).

Kleider: Geschlechter gleich, Jugendkleid sehr ähnlich Adultkleid.

Verhaltensweisen: Schlägt häufig mit dem Schwanz nach unten.

Stimme: Der namensgebende Gesang klingt wie „zilp-zalp-zilp-zelp ...“, gelegentlich mit kleineren Variationen. Zwischen Strophen Serien von trockenem „trt“ eingeschoben. Ruf „hüid“ Gesang auch im Herbst.

Ähnliche Arten: Zur Unterscheidung vom Fitis siehe Fotos.

Teichrohrsänger

Acrocephalus scirpaceus (→ 472)

J F M A M J J A S O N D

En: Eurasian Reed Warbler
Fr: Rousserolle effarvatte
Es: Carricero Común
It: Cannaiola

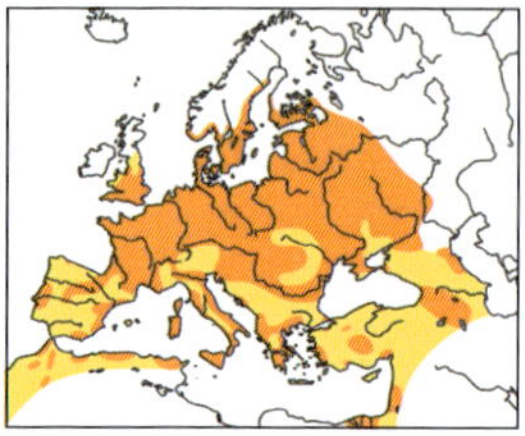

Typischer ungestreifter Rohrsänger mit rotbraunem Bürzel.

Status: Regelmäßiger Brutvogel und Durchzügler.

Kleider: Geschlechter gleich, Jugendkleid sehr ähnlich Adultkleid.

Verhaltensweisen: Bewegt sich fast nur an senkrechten Schilfhalmen. Zur Brutzeit ortsfest in sehr kleinen Territorien. Zur Zugzeit manchmal in atypischen Lebensräumen wie Gebüsch und Gärten.

Stimme: Gesang wird in schwätzender Weise fast kontinuierlich vorgetragen und ist rhythmisch, nicht zu schnell, einige Elemente kratzend, aber nicht so hart wie beim Drosselrohrsänger.

Ähnliche Arten: Unterscheidung vom Sumpfrohrsänger ohne Gesang oft nur in der Hand möglich. Siehe auch Sumpfrohrsänger.

Sumpfrohrsänger

Acrocephalus palustris (→ 474)

J F M A M J J A S O N D

En: Marsh Warbler
Fr: Rousserolle verderolle
Es: Carricero Políglota
It: Cannaiola verdognola

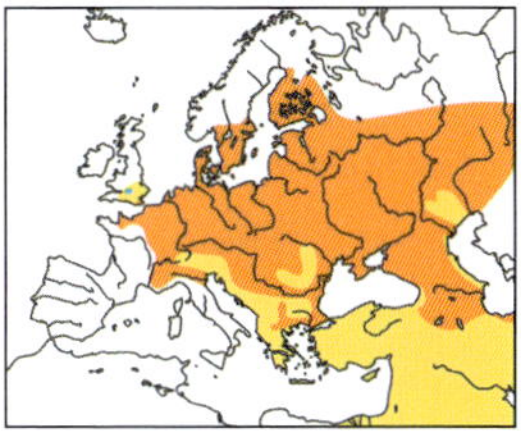

Dem Teichrohrsänger sehr ähnlicher Rohrsänger.

Status: Regelmäßiger Brutvogel und Durchzügler.

Kleider: Geschlechter gleich, Jugendkleid sehr ähnlich Adultkleid.

Verhaltensweisen: Oft in staudenreicheren Lebensräumen anzutreffen als der Teichrohrsänger.

Stimme: Sehr vielfältiger, kontinuierlich schwätzend vorgetragener Gesang, vornehmlich aus zahlreichen Imitationen anderer, z. T. auch afrikanischer Arten.

Ähnliche Arten: Siehe Teichrohrsänger. Sumpfrohrsänger ist etwas langflügeliger, hat einen etwas kürzeren Schnabel, ist mehr grünlich olivfarben und weniger braun.

Mönchsgrasmücke

Sylvia atricapilla (→ 496)

J F M A M J J A S O N D

En: Eurasian Blackcap
Fr: Fauvette à tête noire
Es: Curruca Capirotada
It: Capinera

Vorwiegend graue, große Grasmücke mit schwarzer oder brauner Kopfplatte.

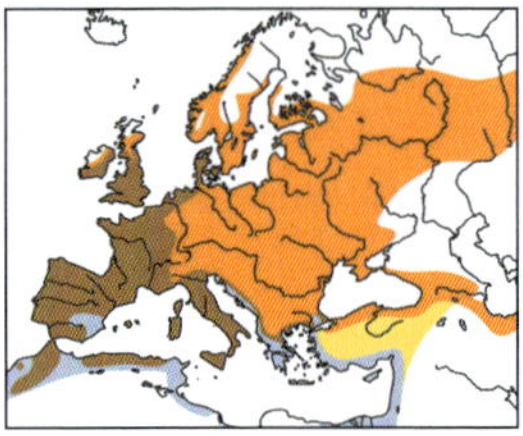

Status: Regelmäßiger Brutvogel und Durchzügler, seltener Wintergast. Nimmt an Häufigkeit zu.

Kleider: Im Adultkleid Männchen mit schwarzer, Weibchen mit brauner Kappe. Jugendkleid sehr ähnlich demjenigen des adulten Weibchens.

Stimme: Der Gesang besteht aus einem schwätzenden Vorgesang (z. T. mit Imitationen) und einem lauten, flötend vorgetragenen Hauptteil. Häufigster Ruf ist ein hartes „teck - teck...".

Nahe Verwandte: In Mitteleuropa kommen 5 Grasmückenarten regelmäßig vor.

Ähnliche Arten: Sumpf- und Weidenmeise sind am Kopf ähnlich gefärbt, haben aber schwarzen Kinnfl eck. Andere Grasmücken haben keine dunkle Kappe (allenfalls dunkle Hauben oder Masken).

Gartengrasmücke *Sylvia borin* (→ 497)

J F M A M J J A S O N D

2

En: Garden Warbler
Fr: Fauvette des jardins
Es: Curruca Mosquitera
It: Beccafico

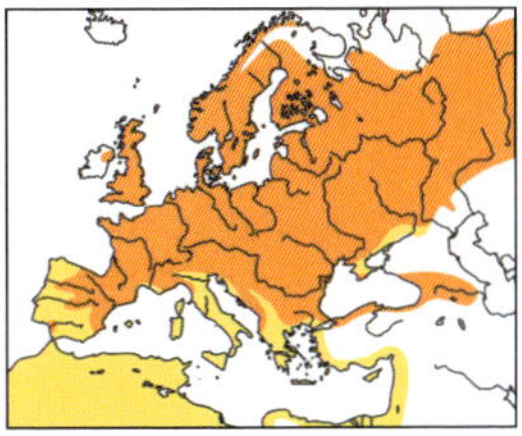

Große, einheitlich braungraue Grasmücke ohne jede markante Zeichnung.

Status: Regelmäßiger Brutvogel und Durchzügler.

Kleider: Geschlechter gleich, Jugendkleid sehr ähnlich Adultkleid.

Stimme: Der Gesang besteht aus langen, durchgehend schwätzend vorgetragenen Strophen ohne auffälliges Hauptmotiv und (vgl. Mönchsgrasmücke) ohne Flötentöne. Ein typischer Ruf ist das meist bei Beunruhigung geäußerte „wet - wet - wet ...".

Ähnliche Arten: Kann mit anderen, wenig gezeichneten Arten (z. B. Rohrsängern) verwechselt werden, ist aber kräftiger und größer als diese und hat einen kräftigeren Schnabel.

Dorngrasmücke *Sylvia communis* (→ 504)

J | F | M | A | M | J | J | A | S | O | N | D

En: Common Whitethroat
Fr: Fauvette grisette
Es: Curruca Zarcera
It: Sterpazzola

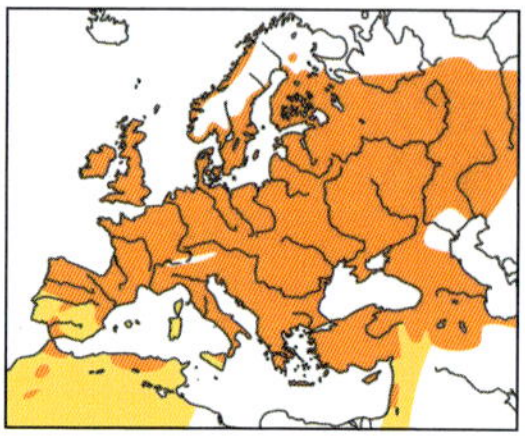

Große, langschwänzige Grasmücke mit weißer Kehle, rotbraunen Flügeln und weißen Schwanzkanten.

Status: Regelmäßiger Brutvogel und Durchzügler.

Kleider: Bei ad. Männchen im Prachtkleid sind Stirn, Scheitel und Wangen grau. Ad. Weibchen und ad. Männchen außerhalb der Brutzeit sowie Jungvögel mit bräunlichem Kopf.

Verhaltensweisen: Das Männchen zeigt Singflug mit längeren Strophen und Imitationen anderer Arten.

Stimme: Singt von Singwarte aus kurze, gleichartig wiederholte, rau schwätzende Strophen mit leiernden Elementen. Im Singflug längere variable Strophen z. T. mit Imitationen anderer Arten.

Ähnliche Arten: Brillengrasmücke und weibliche Weißbartgrasmücke sehen ähnlich aus, sind aber in Mitteleuropa nur Ausnahmegäste.

Sommergoldhähnchen

Regulus ignicapilla (→ 429)

J F M A M J J A S O N D

En: Common Firecrest
Fr: Roitelet à triple bandeau
Es: Reyezuelo Listado
It: Fiorrancino

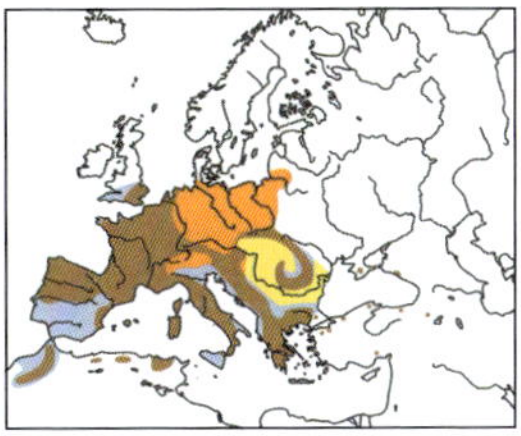

Winziger Vogel mit gelbem bzw. orangem Scheitelstrich und hellem Überaugenstreif.

Status: Regelmäßiger Brutvogel und Durchzügler, gelegentlicher Wintergast.

Kleider: Scheitel bei ad. Männchen orange, bei ad. Weibchen gelb. Im Jugendkleid fehlt die kontrastreiche Kopffärbung samt gelbem oder rotem Scheitel, lediglich ein heller Überaugenstreif ist sichtbar. Schnabel hell.

Stimme: Der Gesang besteht aus feinen, sehr hohen Tönen, die in der Strophe etwas lauter werden und ansteigen (Tonhöhe steigend - S - Sommergoldh.).

Ähnliche Arten: Laubsänger haben fast nie einen gelben oder orangen Scheitelstrich, Wintergoldhähnchen hat keinen Überaugenstreif.

Wintergoldhähnchen *Regulus regulus* (→ 428)

J F M A M J J A S O N D

En: Goldcrest
Fr: Roitelet huppé
Es: Reyezuelo Sencillo
It: Regolo

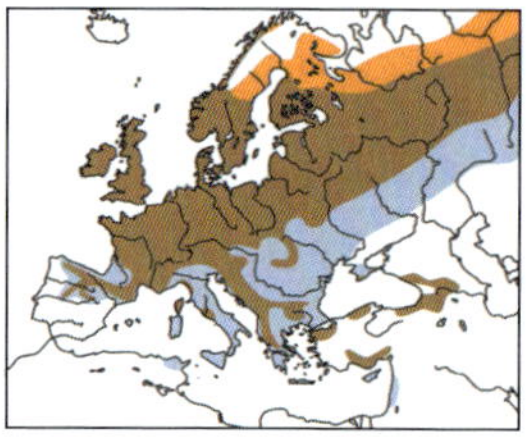

Winziger Vogel mit gelbem bzw. orangem Scheitelstrich.

Status: Regelmäßiger Brutvogel, Durchzügler und Wintergast, bevorzugt in Nadelbäumen.

Kleider: Scheitel bei ad. Männchen orange, bei ad. Weibchen gelb. Im Jugendkleid trägt der grünliche Kopf außer dem hellen Augenring keinerlei weitere Zeichnung und der Schnabel ist hell.

Stimme: Die Strophen bestehen aus feinen, sehr hohen Tönen, die anders als beim Sommergoldhähnchen etwas rauer klingen und in der Tonhöhe schwanken, jedoch nicht kontinuierlich ansteigen (Tonhöhe wechselnd - W - Wintergoldh.).

Ähnliche Arten: Laubsänger haben keinen gelben oder orangen Scheitelstreif, Sommergoldhähnchen hat zusätzlich einen deutlichen Überaugenstreif.

Zaunkönig *Troglodytes troglodytes* (→ 514)

BANU

En: Eurasian Wren
Fr: Troglodyte mignon
Es: Chochín Común
It: Scricciolo

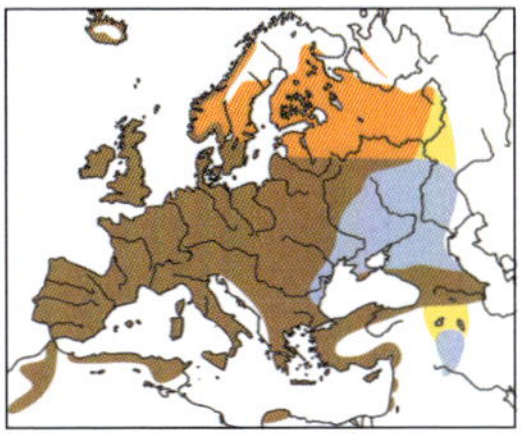

Sehr kleiner, aber kräftig gebauter, braun gemusterter Singvogel mit häufig gestelztem Schwanz.

Status: Regelmäßiger, ganzjährig anwesender Brutvogel (in Mitteleuropa Teilzieher), außerdem Durchzügler und Wintergast.

Kleider: Geschlechter gleich, Jugendkleid sehr ähnlich Adultkleid.

Verhaltensweisen: Der kurze Schwanz wird häufig senkrecht gestellt, der Kopf oft abgeduckt.

Stimme: Lauter, schmetternder Gesang mit langen Strophen aus trillernden Phrasen, die durch Übergangselemente verbunden sind. Am Ende oft ein scharfes hohes Element. Ruft hart gereiht „tetetete…" oder „tr-tr-tr…" oder „trrrr".

Ähnliche Arten: Unverwechselbar.

frisch flügger Jungvogel

Nestkugel

Kleiber *Sitta europaea* (→ 510)

J F M A M J J A S O N D

BANU

En: Eurasian Nuthatch
Fr: Sittelle torchepot
Es: Trepador Azul
It: Picchio muratore

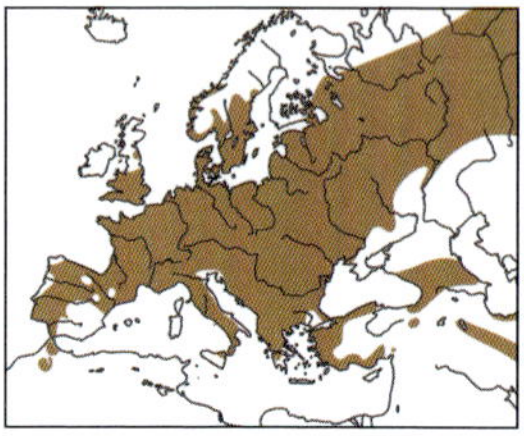

Kleiner, aber kompakter und kräftiger, spechtartiger Vogel mit graublauer Oberseite und orangefarbenem Bauch.

Status: Regelmäßiger, ganzjährig anwesender Brutvogel, Durchzügler und Wintergast.

Kleider: Adulte Männchen an den Flanken deutlicher orangebraun als adulte Weibchen. Im Jugendkleid sehr ähnlich adulten Weibchen.

Verhaltensweisen: Klettert auch kopfüber am Stamm abwärts.

Stimme: Sehr ruffreudig, oft zu hören sind trillernde Gesangsstrophen oder abwärts gezogene Gesangsrufe „wije wije wije…" sowie der Erregungsruf „twitt" (auch in Reihe).

Ähnliche Arten: Die Kombination aus bläulicher Oberseite, orangefarbener Unterseite und spitzem geradem Schnabel führt gelegentlich zu Verwechslungen mit dem Eisvogel – eigentlich ist der Kleiber aber unverkennbar.

Waldbaumläufer *Certhia familiaris familiaris* und *C. f. macrodactyla* (→ 513)

J F M A M J J A S O N D

1

En: Eurasian Treecreeper
Fr: Grimpereau des bois
Es: Agateador Euroasiático
It: Rampichino alpestre

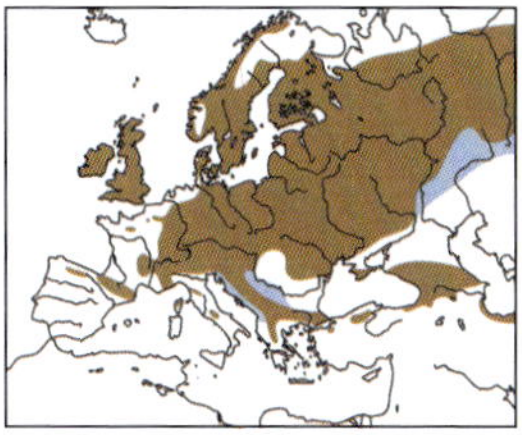

Kleiner, fast mausartig an Stämmen aufwärts huschender, braun gemusterter Singvogel mit langem, leicht gebogenem Schnabel.

Status: Unterart *macrodactyla* regelmäßiger, ganzjährig anwesender Brutvogel, regelmäßiger Gast; Unterart *familiaris* regelmäßiger Durchzügler und Wintergast (brütet in Skandinavien und Osteuropa).

Kleider: Geschlechter gleich, Jugendkleid sehr ähnlich Adultkleid.

Verhaltensweisen: Siehe Gartenbaumläufer.

Stimme: Gesang länger als bei Gartenbaumläufer, ebenfalls hoch und fein gepfiffen, hauptsächlich aus hoch beginnenden und dann fallenden, schnellen Trillerelementen mit abschließendem Überschlag bestehend. Ruft „srri“ oder „psiit“, auch in Reihe.

Ähnliche Arten: Wegen Unterscheidung der beiden Baumläuferarten siehe Fotos.

adult
C. f. macrodactyla

Gartenbaumläufer *Certhia brachydactyla brachydactyla* und *C. b. megarhynchos* (→ 512)

J F M A M J J A S O N D

En: Short-toed Treecreeper
Fr: Grimpereau des jardins
Es: Agateador Europeo
It: Rampichino comune

Kleiner, fast mausartig an Stämmen aufwärts huschender, braun gemusterter Singvogel mit langem, nach unten gebogenem Schnabel.

Status: Regelmäßiger, ganzjährig anwesender Brutvogel, regelmäßiger Gast. Unterart *megarhynchos* brütet in W-Europa bis W-Deutschland, *brachydactyla* östlich davon.

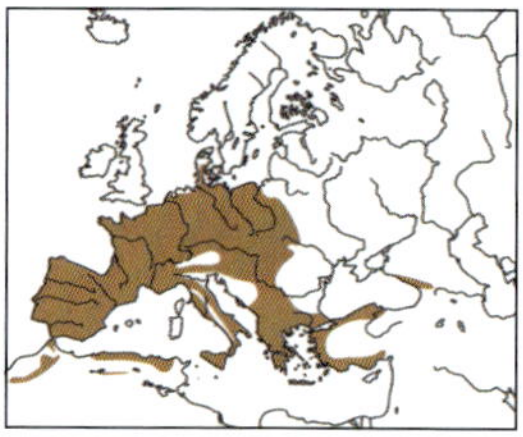

Kleider: Geschlechter gleich, Jugendkleid sehr ähnlich Adultkleid.

Verhaltensweisen: Die typische Nahrungssuche verläuft spiralförmig den Baum hinauf, ehe der Vogel zum nächsten Baum nach unten fliegt und wieder in Spiralen nach oben klettert.

Stimme: Gesang ist eine kurze, hoch und fein gepfiffene, aber gut hörbare Strophe wie „tit-tit-tietroi-sri“. Ein typischer Ruf ist das hohe „tüt“, das einzeln oder in Reihe geäußert wird.

Ähnliche Arten: Wegen Unterscheidung der beiden Baumläuferarten siehe Fotos.

Star *Sturnus vulgaris* (→ 516)

J F M A M J J A S O N D

En: Common Starling
Fr: Étourneau sansonnet
Es: Estornino Pinto
It: Storno

Großer, dunkel gefärbter Singvogel (nur Jugendkleid hell graubraun) mit metallisch grün und violett glänzendem Gefieder.

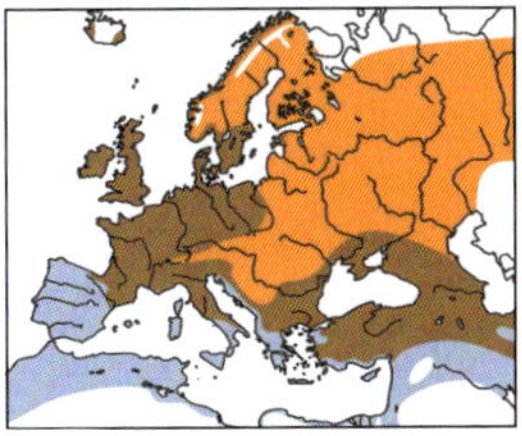

Status: Regelmäßiger Brutvogel, Durchzügler und regional zunehmend Wintergast.

Kleider: Im Brutkleid: schwärzlich metallisch grün und purpur glänzend, Kopf und Rumpf nicht weiß gepunktet; Ruhekleid: schwarz metallisch, an Rücken und Stirn braun, an restlichem Kopf und Rumpf auffällig weiß gepunktet. Jugendkleid ungemustert graubraun, im 1. Winter dunkel mit im Vergleich zu späteren Kleidern größeren und runderen weißen Tupfen („Perlstar"), Kopf noch bräunlich.

Verhaltensweisen: Bei der Nahrungssuche am Boden läuft der Star, während Drosseln häufig hüpfen.

Stimme: Sehr variabler, vielgestaltiger Gesang, der meist von einer Singwarte aus vorgetragen und von Imponierverhalten (z. B. Flügelwedeln) begleitet wird. Typische Elemente sind das abfallende, gezogene Pfeifen „dsssie", Rätschlaute, Imitationen (oft Mäusebussard, Pirol, Elster), nasale mehrstimmige Laute und laute, schrille Motive. Beim Auffliegen ist oft ein raues „ärr-wrr" zu hören.

Ähnliche Arten: Amseln haben rundere Flügel, keinen Metallglanz im Gefieder, dunkle Beine und im Adultkleid einen gelben Augenring.

Amsel *Turdus merula* (→ 533)

J | F | M | A | M | J | J | A | S | O | N | D

En: Common Blackbird
Fr: Merle noir
Es: Mirlo Común
It: Merlo

Große Drossel mit rein schwarzem (adulte Männchen) oder braunem (Weibchen und Jungvögel) Gefieder.

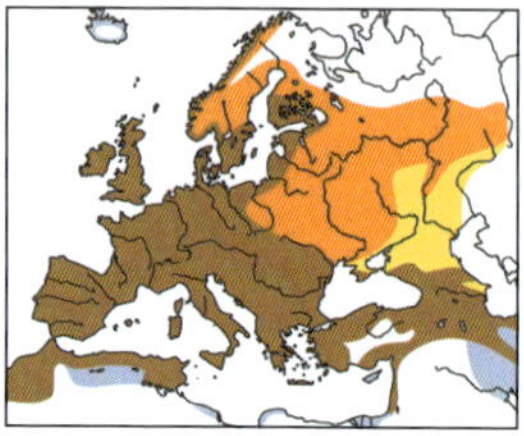

Status: Regelmäßiger Brutvogel, Durchzügler und Wintergast.

Kleider: Männchen im Prachtkleid mit rein schwarzem Gefieder und gelbem Schnabel, Weibchen mehr bräunlich mit heller Brust mit dichter dunkelbrauner Strichelung und bräunlich-gelblichem Schnabel. Im Jugendkleid noch brauner als ad. Weibchen, helle Federzentren bewirken fast am ganzen Körper sprenkeliges Aussehen.

Verhaltensweisen: Beim Landen wird der Schwanz oft drosseltypisch nach oben gekippt. Flügel im Sitzen oft hängend (Spitze unterhalb des Schwanzes).

Stimme: Der Gesang wird meist von einer Singwarte aus vorgetragen und besteht aus volltönenden, flötenden Elementen, die in höhere, mehr zirpend-zwitschernde Laute übergehen und weniger deutliche Elementwiederholungen enthalten als Sing- und Misteldrossel. Typischer Ruf ist das laute, anhaltende Zetern „tsink-tsink-tsink...".

Ähnliche Arten: Weibchen und Jungvögel können mit anderen braunen Drosseln verwechselt werden, diese sind entweder an der Brust viel deutlicher gefleckt oder farbig gezeichnet.

Wacholderdrossel *Turdus pilaris* (→ 541)

J F M A M J J A S O N D

En: Fieldfare
Fr: Grive litorne
Es: Zorzal Real
It: Cesena

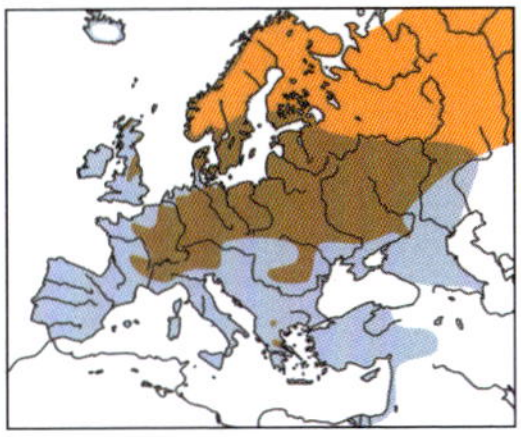

Große, bunt braungrau wirkende Drossel mit grauem Nacken und Bürzel.

Status: Regelmäßiger Brutvogel, Durchzügler und z. T. Wintergast.

Kleider: Geschlechter gleich. Im Jugendkleid Flügeldecken mit hellen Zentren.

Verhaltensweisen: Flügel im Sitzen oft hängend (Spitze unterhalb des Schwanzes).

Stimme: Der Gesang enthält keine Flötentöne, sondern ist rasch schwätzend und schrill, jedoch trotzdem wenig auffällig. Er wird oft im Singflug, gelegentlich auch von einer Singwarte aus vorgetragen. Typischer Ruf ist ein mehrsilbiges Tschackern „gak-tschak-tschak-ak-ak...“.

Ähnliche Arten: Am grauen Nacken und grauen Bürzel gut von anderen Drosseln zu unterscheiden.

Singdrossel *Turdus philomelos philomelos* und *T. p. clarkei* (→ 543)

J F M A M J J A S O N D

3 BANU

En: Song Thrush
Fr: Grive musicienne
Es: Zorzal Común
It: Tordo bottaccio

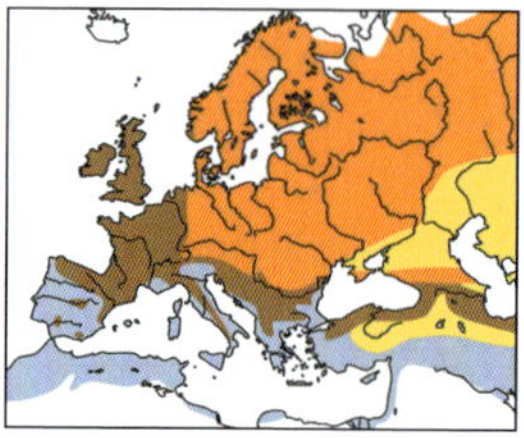

Kleine, kurzschwänzige Drossel mit brauner Oberseite und stark gefleckter heller Unterseite.

Status: Unterart *philomelos* ist regelmäßiger Brutvogel und Durchzügler, seltener auch Wintergast. Unterart *clarkei* ist unregelmäßiger Durchzügler aus Großbritannien und W-Europa.

Kleider: Geschlechter gleich. Jugendkleid ähnlich.

Verhaltensweisen: Flügel im Sitzen oft hängend (Spitze unterhalb des Schwanzes).

Stimme: Der Gesang besteht aus einer lockeren Folge von lauten, klangreichen, mehrsilbigen Motiven, die einige Male wiederholt werden: z. B. „dü-lü dü-lü dü-lü", „zrü-ti zrü-ti zrü-ti" (oder lautmalerisch „Kuhdieb, Kuhdieb", „Tschaipit, Tschaipit", „Wodkupit, Wodkupit" [russ.: Tee/Wodka trinken]).

Ähnliche Arten: Misteldrossel ist größer und hat weiße Unterflügeldecken.

Misteldrossel *Turdus viscivorus* (→ 544)

J F M A M J J A S O N D

En: Mistle Thrush
Fr: Grive draine
Es: Zorzal Charlo
It: Tordela

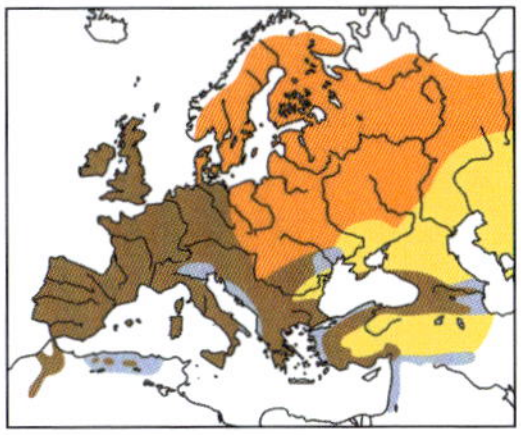

Sehr große, hell bräunliche Drossel mit kräftigen runden Flecken auf der Brust und weißen Unterflügeldecken.

Status: Regelmäßiger, etwas lückig verbreiteter Brutvogel, Durchzügler und Wintergast.

Kleider: Geschlechter gleich. Jugendkleid ähnlich.

Verhaltensweisen: Flügel im Sitzen oft hängend (Spitze unterhalb des Schwanzes).

Stimme: Singt amselartig flötende, kurze Strophen, die aber tiefer, melancholischer und eintöniger klingen (oft z. B. „dü-dü-rüh" oder „dü-dü-rüh-di"). Ruft typisch schnarrend „tzrrr".

Ähnliche Arten: Siehe Singdrossel.

Grauschnäpper *Muscicapa striata* (→ 546)

J F M A M J J A S O N D

BANU

En: Spotted Flycatcher
Fr: Gobemouche gris
Es: Papamoscas gris
It: Pigliamosche

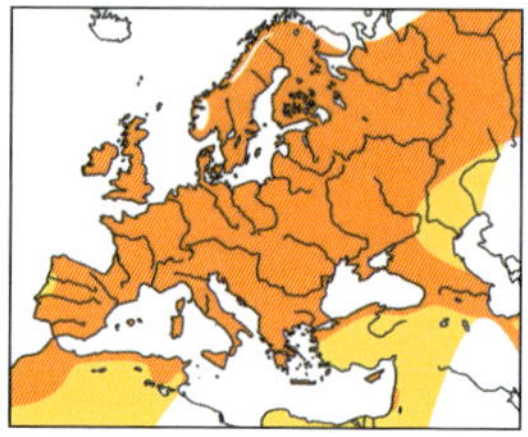

Graubrauner, meist aufrecht sitzender Singvogel mit auffällig breitem Schnabel und diffuser grauer Strichelung auf Brust und Stirn.

Status: Regelmäßiger Brutvogel und Durchzügler.

Kleider: Geschlechter gleich. Im Jugendkleid auf dem Rücken hell gefleckt.

Verhaltensweisen: Vollführt nach Schnäpperart Fangflüge nach Insekten, auch zum Boden hin, und kehrt dann auf seine Warte zurück.

Stimme: Im Gegensatz zum unauffälligen Gesang ist der Beunruhigungsruf in Nestnähe markant: ein scharfes, hohes „ziih-tik-tik“ oder „ziih-tik“.

Ähnliche Arten: Andere braune Schnäpper sind auf Brust und Stirn nicht gestrichelt.

Rotkehlchen *Erithacus rubecula* (→ 553)

J F M A M J J A S O N D

BANU

En: European Robin
Fr: Rougegorge familier
Es: Petirrojo Europeo
It: Pettirosso

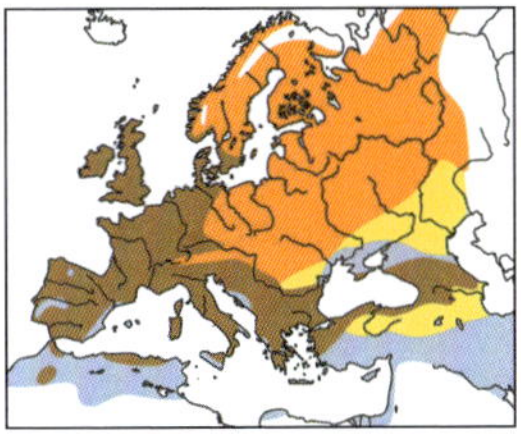

Robuster, kleiner, langbeiniger, ansonsten aber eher rundlicher Singvogel mit orangeroter Kehle und Brust (Altvögel) oder grob geflecktem, braunem Gefieder (Jungvögel).

Status: Regelmäßiger Brutvogel, Durchzügler und Wintergast.

Kleider: Geschlechter gleich, Jugendkleid ocker und dunkelbraun mit gefleckter, bräunlicher Brust und hell gestrichelter Oberseite.

Verhaltensweisen: Bewegt sich am Boden oft in einer Abfolge aus schnellen Hüpfern und aufrechtem Verharren mit Knicksen und Schwanzstelzen. Flügel oft hängend (Spitze unterhalb des Schwanzes).

Stimme: Der Gesang besteht aus einigen einleitenden, hohen Tönen, gefolgt von klirrenden Trillerelementen, teils mit sehr großen Tonhöhensprüngen, gegen Ende oft verklingend. Ruft bei Beunruhigung „zik", oft gereiht.

Ähnliche Arten: Altvögel unverkennbar (der orangebrüstige Zwergschnäpper hat einen grauen Kopf); im braun gefleckten Jugendkleid ggf. mit Jugendkleidern anderer Schnäpperverwandter (Braun-, Schwarzkehlchen usw.) verwechselbar.

Nachtigall *Luscinia megarhynchos* (→ 556)

J F M A M J J A S O N D

En: Common Nightingale
Fr: Rossignol philomèle
Es: Ruiseñor Común
It: Usignolo

Reichlich sperlingsgroßer, drosselartiger, oberseits überwiegend warm braun gefärbter Vogel mit einfarbig rotbraunem Schwanz.

Status: Regelmäßiger, in Süddeutschland lückig verbreiteter Brutvogel und Durchzügler.

Kleider: Geschlechter gleich. Im Jugendkleid deutlich hell gefleckt.

Stimme: Singt vollklingende, laute und sehr variable Strophen, oft am Beginn Imitationen (z. B. laubsängerartig „hüid"), sonst harte Phrasen wie „tjuk tjuk tjuk". Typisch die immer wieder eingestreute, ansteigende und lauter werdende Crescendo-Reihe „dü düh düüh...". Ruft u. a. markant „hüit -karr" bei Beunruhigung.

Nahe Verwandte: Neben der Nachtigall kommt in Mitteleuropa der eng verwandte und sehr ähnliche, mehr östlich verbreitete Sprosser vor.

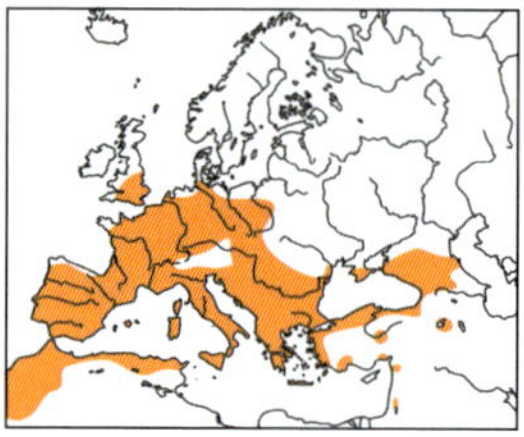

Hausrotschwanz *Phoenicurus ochruros gibraltariensis* und *P. o. phoenicuroides* („Östlicher Hausrotschwanz“) (→ 562)

J F M A M J J A S O N D

En: Black Redstart
Fr: Rougequeue noir
Es: Colirrojo Tizón
It: Codirosso spazzacamino

BANU

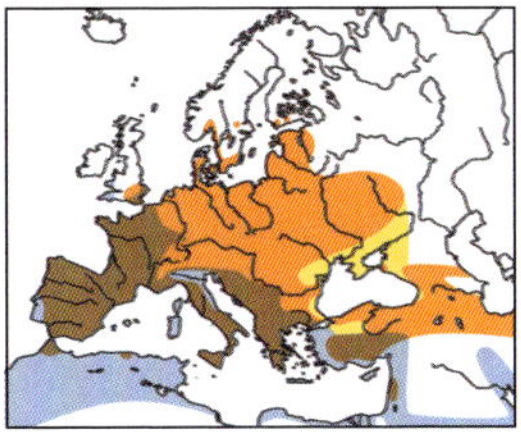

Kleiner, überwiegend schwarzer (Männchen) bzw. grauer (Weibchen) Singvogel, der durch ständiges Schwanzzittern auffällt.

Status: Unterart *gibraltariensis* ist regelmäßiger Brutvogel und Durchzügler, in geringer Zahl auch Wintergast. Unterart *phoenicuroides* ist seltener Gast aus Gebieten vom nordöstlichen Iran und von Kasachstan an ostwärts.

Kleider: Männchen erreichen das überwiegend schwarze Adultkleid oft erst ab dem 2. Lebensjahr, einjährige Männchen sehen den graubraunen Weibchen meist sehr ähnlich. Jugendkleid ähnlich Weibchen. Unterart *phoenicuroides* mit rostfarbigem Bauch.

Verhaltensweisen: Zittert fast ständig mit dem Schwanz.

Stimme: Der Gesang besteht aus kratzig-fisteligen, sehr kurzen Strophen aus eher unauffälligem „jirr-titititi“ (oft am Ende ansteigend) und einem kratzenden Element, das in das Schlussmotiv übergeht „krtschch-tütititit“. Ruft bei Beunruhigung in Nest- oder Jungennähe häufig „fid-tk-tk“.

Ähnliche Arten: Weibchen und Jungvögel des Gartenrotschwanzes sind ähnlich gefärbt, aber mit viel mehr warmen Brauntönen als der graustichige Hausrotschwanz.

Gartenrotschwanz *Phoenicurus phoenicurus phoenicurus* und *P. p. samamisicus* (→ 563)

J F M A M J J A S O N D

En: Common Redstart
Fr: Rougequeue à front blanc
Es: Colirrojo Real
It: Codirosso

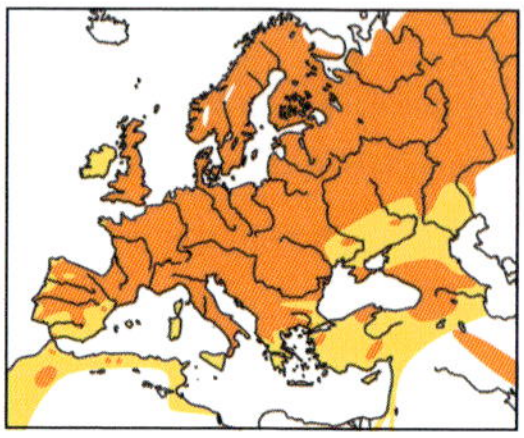

Nicht ganz sperlingsgroßer Vogel mit überwiegend rostrotem Schwanz und orangeroter Brust (Männchen) oder wenigstens braunrötlichem Anflug auf der Brust (Weibchen).

Status: Unterart *phoenicurus* ist regelmäßiger Brutvogel und Durchzügler, *P. p. samamisicus* ist seltener Gast aus NE-Afrika und dem Orient.

Kleider: Im Adultkleid Geschlechter unverwechselbar, siehe Fotos. Jugendkleid ähnlich ad. Weibchen, aber fleckig.

Verhaltensweisen: Zittert fast ständig mit dem Schwanz.

Stimme: Gesang besteht aus vielfältig variierten Strophen mit Eingangsteil aus hohen und ziemlich reinen Tönen wie „jü-jik-jik" oder etwas wiehernd „ji-gjü gjü gjü" und Folgeteil aus schnalzenden, schnarrenden oder auch reineren Tönen und zahlreichen Imitationen. Ruft bei Beunruhigung etwas tonaler als der Hausrotschwanz „füid-tek".

Ähnliche Arten: Siehe Hausrotschwanz.

Haussperling

Passer [domesticus] domesticus (→ 583)

J F M A M J J A S O N D

2 BANU

En: House Sparrow
Fr: Moineau domestique
Es: Gorrión Común
It: Passera Europea

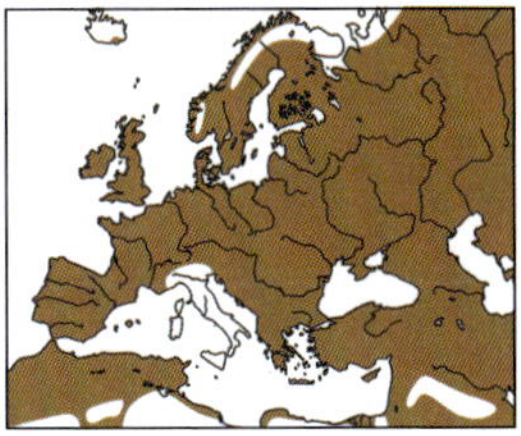

Mittelgroßer Sperling mit schmutzig grauer und – abgesehen vom ausgedehnten Kehllatz adulter Männchen – kaum gemusterter Unterseite.

Status: Regelmäßiger, ganzjährig anwesender Brutvogel.

Kleider: Männchen im Prachtkleid mit hellem Wangenfeld, braunen Schläfen, grauer Kappe und schwarzem Kehllatz. Im Schlichtkleid weniger kontrastreich. Adulte Weibchen mit graubraunem Oberkopf und ohne schwarzen Kehllatz. Jugendkleid ähnlich adultem Weibchen, aber Kopf noch weniger kontrastreich und Schnabel rosastichig.

Verhaltensweisen: In der Gruppe hüpfen Männchen manchmal mit hängenden Flügeln und steil gestelztem Schwanz umher.

Stimme: Männchen rufen in Nestnähe das klassische „tschilp“ als Gesang, außerdem haben Haussperlinge vielfältige Rufe wie „tschui“, „dsche-dsche“ oder ein weiches „wäd“.

Ähnliche Arten: Weibchen von Italien- und Haussperling lassen sich äußerlich nicht sicher unterscheiden, allerdings kommen Italiensperlinge nur südlich des Alpenhauptkammes vor. Männchen sind durch den grauen Oberkopf und die schmutzig weißen Wangen gut von allen anderen Sperlingen unterscheidbar.

♀ adult

Jugendkleid

♂ Prachtkleid

Sandbad

Feldsperling *Passer montanus* (→ 581)

J F M A M J J A S O N D

BANU

En: Eurasian Tree Sparrow
Fr: Moineau friquet
Es: Gorrión Molinero
It: Passera mattugia

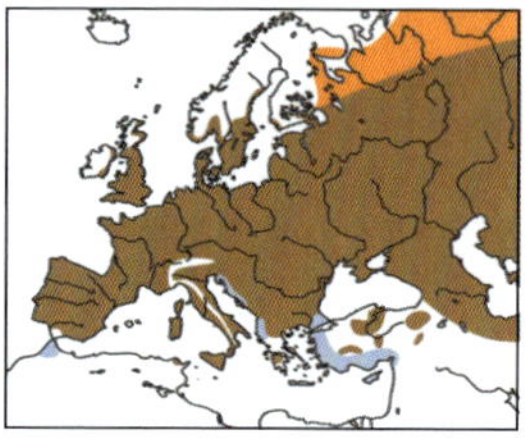

Kleiner Sperling, im Adultkleid mit kastanienbrauner Kappe und dunklem Fleck in weißem Wangenfeld.

Status: Regelmäßiger Brutvogel, Durchzügler und Wintergast.

Kleider: Geschlechter gleich. Im Jugendkleid mit grau verwaschenem Wangenfeld mit undeutlichem Ohrfleck.

Stimme: Ein häufiger Beunruhigungsruf ist das typische, harte, hölzerne „tek-tek-tek...". Ferner sind auch die gereihten „dschäd"- Rufe anders als beim Haussperling. Gesangselemente trockener und kürzer.

Ähnliche Arten: Männliche Italien- und Weidensperlinge haben ebenfalls eine braune Kappe, aber deutlich ausgedehnteres Schwarz an Kehle und Brust und keinen Wangenfleck.

Heckenbraunelle *Prunella modularis* (→ 576)

BANU

En: Dunnock
Fr: Accenteur mouchet
Es: Acentor Común
It: Passera scopaiola

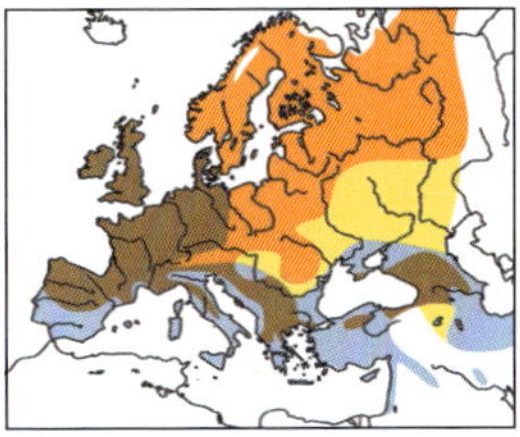

Sperlingsähnlicher Singvogel, jedoch mit dünnem Schnabel, starker Strichelung fast am ganzen Körper und im Adultkleid grauem Kopf und grauer Kehle.

Status: Regelmäßiger Brutvogel, Durchzügler und gelegentlicher Wintergast.

Kleider: Geschlechter fast gleich, Männchen oft etwas kräftiger gefärbt. Im Jugendkleid am ganzen Körper fein dunkel gestrichelt.

Stimme: Der Gesang besteht aus sehr schnell vorgetragenen Strophen mit silberhellem Klang und feinen Trillern. Im Flug, auch auf dem Zug, werden gleichmäßige, klingelnde „dididi“-Rufe geäußert.

Ähnliche Arten: Alpenbraunelle ist etwas größer und hat rotbraune Flanken, eine schwarze Bänderung an der Kehle und deutlich größere weiße Spitzen an den Flügeldecken.

Schafstelze (Wiesenschafstelze)

Motacilla [flava] flava (→ 590)

J | F | M | A | M | J | J | A | S | O | N | D

En: Western Yellow Wagtail
Fr: Bergeronnette printanière
Es: Lavandera Boyera
It: Cutrettola

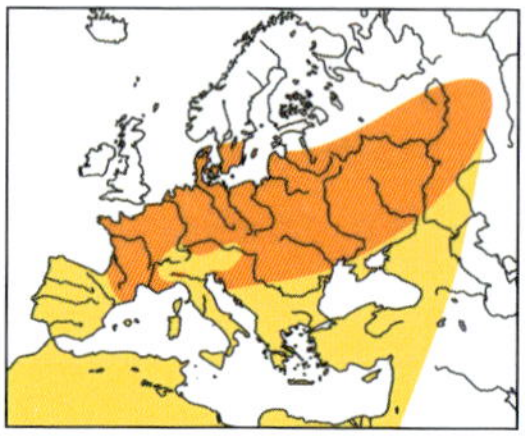

Schafstelze mit gelbem Bauch, Männchen im Prachtkleid mit grauem Kopf und deutlichem weißem Überaugenstreif.

Status: Regelmäßiger Gast, regelmäßiger Brutvogel im Tiefland, nach Süden zu abnehmend, im Alpenvorland seltener Brutvogel.

Kleider: Männchen mit grauem Kopf, meist deutlichem weißem Überaugenstreif und gelber Kehle. Weibchen viel blasser gefärbt. Im Jugendkleid fast ohne Gelb und mit dunkler Umrandung des Kehllatzes.

Verhaltensweisen: Wippt häufig mit dem Schwanz.

Stimme: Während der Gesang unauffällig ist, machen die Vögel durch scharfe, einsilbige „psie"-Rufe oft auf sich aufmerksam, die aber selbst beim Individuum variieren können.

Ähnliche Arten: Die Unterscheidung der verschiedenen gelben Stelzenarten erfolgt am besten anhand der Kopfzeichnung der adulten Männchen.

Gebirgsstelze *Motacilla cinerea* (→ 585)

J F M A M J J A S O N D

En: Grey Wagtail
Fr: Bergeronnette des ruisseaux
Es: Lavandera Cascadeña
It: Ballerina gialla

2

BANU

Sehr langschwänzige Stelze mit grauer Oberseite und Gelb mindestens in den Unterschwanzdecken.

Status: Im Süden flächig und im Norden und Osten teilweise lückig verbreiteter Brutvogel, regelmäßiger Durchzügler und gelegentlich Überwinterer.

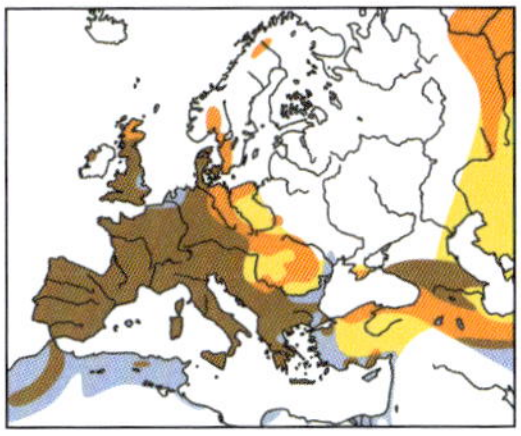

Kleider: Männchen im Prachtkleid mit schwarzem Kehllatz und gelber Unterseite, Weibchen im Prachtkleid unten blassgelb und mit grauem Kehllatz. Im Schlicht- und Jugendkleid Kehle weißlich und nur Schwanzdecken gelblich.

Verhaltensweisen: Wippt besonders stark mit dem Schwanz, oft unterstützt durch Beinknicksen mit dem ganzen Hinterkörper.

Stimme: Der Gesang besteht aus in Abständen wiederholten kurzen Strophen aus spitzen, hohen Elementen „zi-zi-zi-zi-züwri“ oder auch kurz „zizizi“. Der Ruf ist scharf ein- bis viersilbig „ziss-zississ“.

Ähnliche Arten: Männchen können aufgrund der gelben Brust mit Zitronen- und Schafstelzen verwechselt werden, haben dann jedoch eine schwarze Kehle. Weibchen haben im Unterschied zu anderen gelben Stelzen einheitlich grauen Rücken und Kopf mit deutlichem weißem Überaugenstreif.

Bachstelze *Motacilla alba* (→ 586)

J F M A M J J A S O N D

En: White Wagtail
Fr: Bergeronnette grise
Es: Lavandera Blanca
It: Ballerina bianca

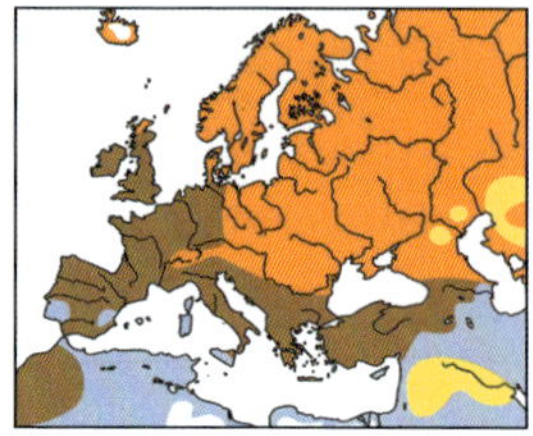

Schwarz, grau und weiß gefärbte, etwa sperlingsgroße Stelze.

Status: Regelmäßiger Brutvogel und Durchzügler, gelegentlicher Überwinterer.

Kleider: Männchen im Prachtkleid mit scharfer Kante zwischen grauem Rücken und schwarzer Kapuze, beim Weibchen ist diese Kante diffus. Im Schlichtkleid Kopf grau und weiß, aber relativ scharf begrenzter schwarzer Kehllatz. Im Jugendkleid Kopf und Kehllatz verwaschen graubraun.

Verhaltensweisen: Wippt häufig mit dem Schwanz.

Stimme: Vielfältige Rufe wie „zilipp", „zititip" oder „ziwitt".

Nahe Verwandte: Auf den Britischen Inseln wird die Art durch die oberseits schwarze Trauerbachstelze vertreten.

Ähnliche Arten: Unter den anderen Stelzen fehlt lediglich noch der viel dunkleren Trauerbachstelze und der jungen Zitronenstelze jegliches Gelb im Gefieder. Letztere ist aber mehr bräunlich und am Kopf viel kontrastärmer gefärbt als die Bachstelze.

Wiesenpieper *Anthus pratensis* (→ 603)

J F M A M J J A S O N D

En: Meadow Pipit
Fr: Pipit farlouse
Es: Bisbita Pratense
It: Pispola

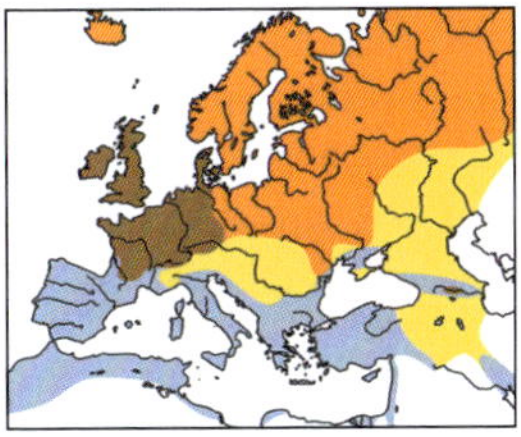

Eher kleiner Pieper mit kräftiger Brust- und Flankenstrichelung und schlankem, gelblichem Schnabel.

Status: Regelmäßiger Brutvogel, südlich der Mittelgebirge eher inselartig verbreitet. Regelmäßiger Wintergast, vor allem im Nordwesten.

Kleider: Geschlechter gleich, im Jugendkleid erreicht die Strichelung der Bauchseite die Flanken nicht.

Stimme: Der typische Fluggesang besteht aus langen Strophen, die sich aus unterschiedlichen Elementen zusammensetzen und oft mit anhaltendem „tchip-tchip..." beim Aufstieg eingeleitet werden und mit einem tonalen „si-si-si-si..." bei Landeanflug und nach der Landung enden. Typischer Ruf beim Abflug „ist-ist".

Nahe Verwandte: In Mitteleuropa tritt noch der sehr ähnliche Baumpieper und zwei weitere häufigere Pieperarten auf. Dazu kommen mindestens sechs weitere, selten zu beobachtende Arten.

Buchfink *Fringilla coelebs* (→ 607)

J F M A M J J A S O N D

BANU

En: Common Chaffinch
Fr: Pinson des arbres
Es: Pinzón Vulgar
It: Fringuello

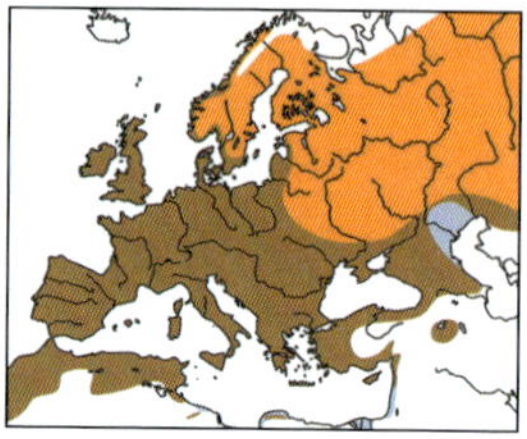

Sperlingsgroßer Fink mit zwei weißen Flügelbinden und weißen Schwanzaußenkanten.

Status: Regelmäßiger Brutvogel, Durchzügler und Wintergast.

Kleider: Geschlechter im Adultkleid deutlich unterschiedlich, siehe Fotos. Prachtkleid des Männchens kontrastreicher, im Schlichtkleid vor allem graue Kopfkappe, Gesicht und Unterseite mit mehr Braun. Jugendkleid ähnlich Weibchen.

Stimme: Gesangsstrophen sind sehr variabel und vor allem bei Beginn und im Endschnörkel lokal verschieden, z. B. eine Abfolge ähnlich „zi-zi-zi zizizizi düntülüng zingziu". Ruft bei Beunruhigung scharf „pink", auch mehrsilbig. Monotone Regenrufe im Sekundentakt bilden Dialekte.

Ähnliche Arten: Männchen unverkennbar, Weibchen von Haussperlings-Weibchen durch Flügelzeichnung und grauen Nackenfleck unterscheidbar.

Kernbeißer *Coccothraustes coccothraustes* (→ 628)

J F M A M J J A S O N D

BANU

En: Hawfinch
Fr: Gros-bec casse-noyaux
Es: Picogordo Común
It: Frosone

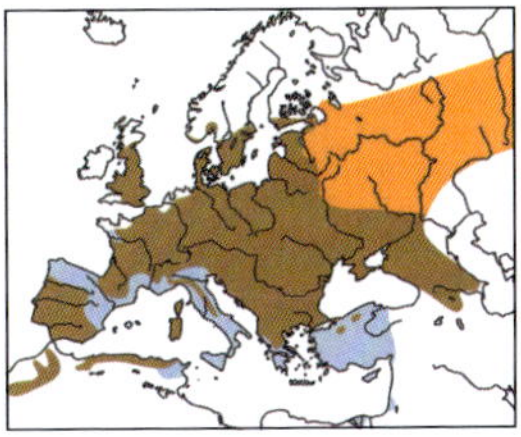

Fast starengroßer Fink mit sehr kräftigem Schnabel, weißer Schwanzspitze und im Adultkleid metallisch glänzenden, verbreiterten, inneren Handschwingen.

Status: Regelmäßiger Brutvogel, Durchzügler und Wintergast.

Kleider: Geschlechter gleich, im Prachtkleid Schnabel stahlblau, Kopf beigerot, Armschwingen bläulich. Im Schlichtkleid Schnabel gelblich, Kopf blasser und äußere Armschwingen bei Weibchenmit hellen Säumen. Im Jugendkleid mit gelblich-grauer Brust und dunkler Fleckung auf der Unterseite.

Ähnliche Arten: Unverwechselbar.

Gimpel *Pyrrhula pyrrhula pyrrhula* und *Pyrrhula pyrrhula europaea* (→ 626)

J F M A M J J A S O N D

En: Eurasian Bullfinch
Fr: Bouvreuil pivoine
Es: Camachuelo Común
It: Ciuffolotto

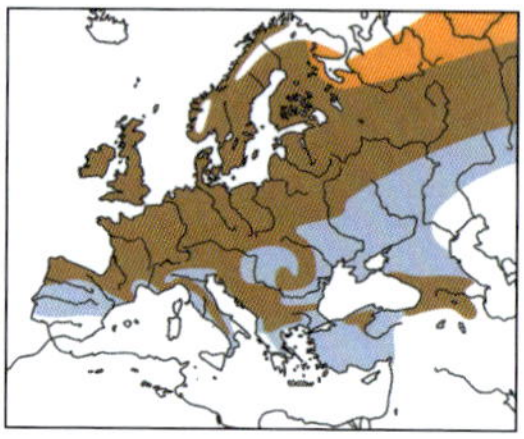

Rundlicher Fink mit kurzem, kräftigem Schnabel, weißem Bürzel, ganz schwarzem Schwanz und (außer im Jugendkleid) schwarzer Kappe.

Status: Unterart *europaea* ist regelmäßiger Brutvogel, Durchzügler und Wintergast. Unterart *pyrrhula* ist regelmäßiger Wintergast aus Nordeuropa.

Kleider: Adulte Männchen mit roter Unterseite, adulte Weibchen mit graubrauner Unterseite. Jugendkleid ähnlich ad. Weibchen, aber ohne schwarze Kappe.

Verhaltensweisen: Durch Hängenlassen der Flügel kommt der weiße Bürzel sehr deutlich zur Geltung.

Stimme: Neben dem unauffälligen Gesang sind die Kontaktrufe der Partner sehr auffällig: Häufig ist ein herabgezogenes flötendes „djü“, Vögel nordöstlicher Herkunft („Trompetergimpel“) rufen „töd“.

Ähnliche Arten: Unverwechselbar.

Grünfink *Carduelis chloris* (→ 614)

J F M A M J J A S O N D

En: European Greenfinch
Fr: Verdier d‘Europe
Es: Verderón Común
It: Verdone

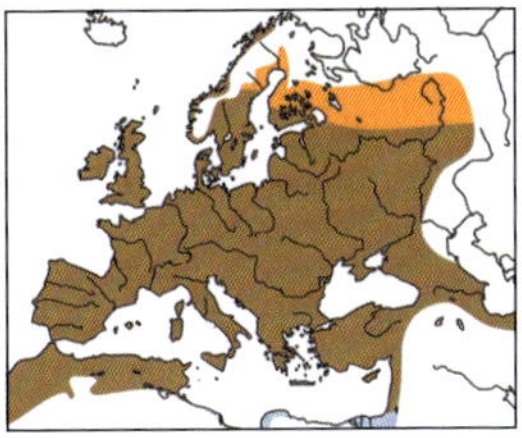

Gut sperlingsgroßer, olivgrüner Fink mit gelbem Flügelfeld, gelben Schwanzkanten und kräftigem, kegelförmigem Schnabel.

Status: Flächig verbreiteter, häufiger Brut- und Jahresvogel, weiter nördlich brütende Vögel häufige Durchzügler und Wintergäste. In jüngerer Zeit Abnahme.

Kleider: Adulte Männchen an Rücken und Brust gelbgrün bis grün, Weibchen weniger grün, Rücken bräunlich und leicht gestrichelt. Im Jugendkleid Bauch weißlich mit graubraunen Stricheln.

Stimme: Der Gesang ist eine anhaltende Folge von Trillern in verschiedener Tonlage und verschiedenem Tempo. Dazwischen ist das typische, abwärtsführende Knätschen „dijäiih“ oder „dschääi“ zu hören, das auch als Beunruhigungsruf verwendet wird. Im Flug außerdem harte Triller „gigigi...“.

Ähnliche Arten: Anhand des gelben Flügelfeldes und der gelben Schwanzkanten gut erkennbar. Stieglitz im Jugendkleid hat auch Gelb am Flügel, ist aber kleiner und hat einen viel dünneren Schnabel.

Bluthänfling *Carduelis cannabina* (→ 609)

J F M A M J J A S O N D

En: Common Linnet
Fr: Linotte mélodieuse
Es: Pardillo Común
It: Fanello

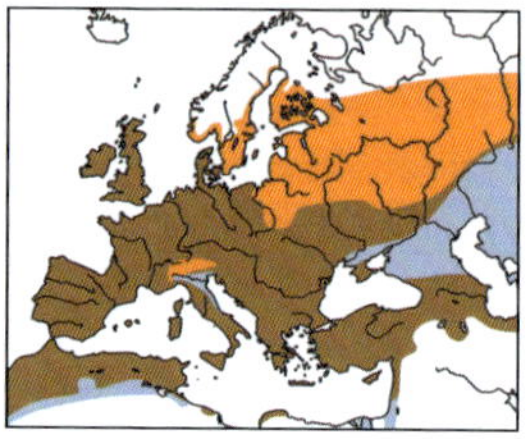

Sperlingsgroßer Fink mit weißem Bauch, braunem Rücken, hellem Flügelfeld und grauem Schnabel.

Status: Regelmäßiger Brutvogel und Durchzügler.

Kleider: Männchen im Prachtkleid mit roter Stirn und Brust und grauem Kopf. Im Schlichtkleid Brust bräunlich rot. Weibchen und Vögel im Jugendkleid ohne Rot, ober- und unterseits dunkelgrau gestrichelt.

Stimme: Der lang anhaltende Gesang besteht aus einem eiligen Gemisch aus Flötenlauten und Trillern und wird mit einer Ruffolge wie „gigigi…“ eingeleitet.

Ähnliche Arten: Zur Unterscheidung der Hänflings- und Birkenzeisig-Arten siehe Fotos.

Fichtenkreuzschnabel *Loxia curvirostra* (→ 624)

J F M A M J J A S O N D

En: Red Crossbill
Fr: Bec-croisé des sapins
Es: Piquituerto Común
It: Crociere

Mittelgroßer Kreuzschnabel mit eher gestrecktem Schnabel.

Status: Regelmäßiger Brutvogel, Durchzügler und Gast.

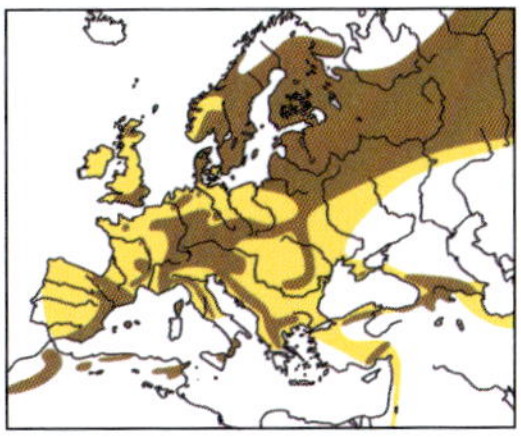

Kleider: Adulte Männchen rot oft rot (können aber je nach Nahrung auch gelblich oder orange sein), vorjährige oft noch mit variablem Grünanteil. Adulte Weibchen und Jungvögel grün-grau gefärbt. Im Jugendkleid ober- und unterseits dunkel gestrichelt, Schnabelspitzen anfangs noch gerade.

Stimme: Ruft häufig und hart „gip gip gip..." - sehr variabel, viele regionale Typen, Unterscheidung vom Kiefernkreuzschnabel daher schwierig.

Ähnliche Arten: Kleinköpfiger und mit weniger hohem Schnabel als Kiefernkreuzschnabel, im Gegensatz zum Bindenkreuzschnabel ohne weiße Flügelbinden.

Stieglitz *Carduelis carduelis* (→ 616)

J F M A M J J A S O N D

En: European Goldfinch
Fr: Chardonneret élégant
Es: Jilguero Europeo
It: Cardellino

BANU

Mittelgroßer, schwarz, weiß, braun, gelb und rot gezeichneter Fink mit langem spitzem Schnabel.

Status: Regelmäßiger Brutvogel, Durchzügler und Wintergast.

Kleider: Geschlechter nahezu gleich, Männchen mit etwas ausgeprägterer roter Gesichtsmaske. Im Jugendkleid Kopf fein dunkel gestrichelt ohne Schwarz und Rot, Rücken und Unterseite gestrichelt.

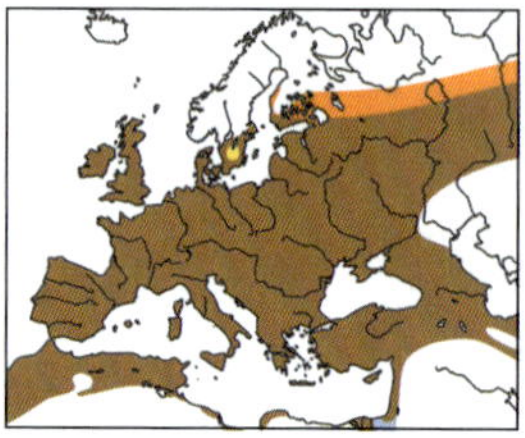

Stimme: Im Gesang wie in den Rufen findet sich häufig das namengebende dreisilbige Motiv „stigelit“, auch in verschiedenen Variationen, z. B. viersilbig „stigelidit“.

Ähnliche Arten: Im Adultkleid anhand des Kopfmusters unverwechselbar. Wegen Jugendkleid siehe auch Grünfink.

Girlitz *Serinus serinus* (→ 619)

En: European Serin
Fr: Serin cini
Es: Serín Verdecillo
It: Verzellino

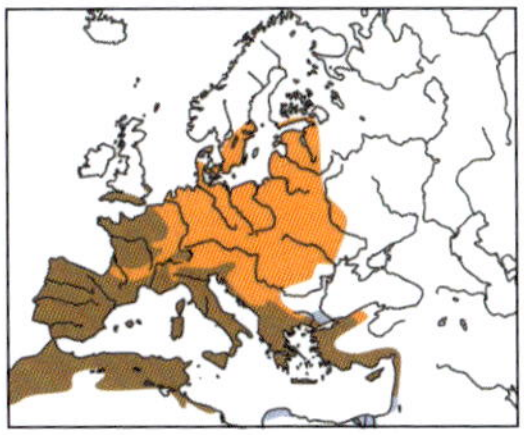

Sehr kleiner, deutlich gestrichelter Fink mit sehr kurzem, aber dickem Schnabel, im Adultkleid mit gelbem Bürzel und gelblich-grünlicher Grundfärbung.

Status: Regelmäßiger Brutvogel, Durchzügler und an günstigen Stellen vereinzelter Überwinterer.

Kleider: Geschlechter ähnlich, Männchen ausgeprägter gelb. Im Jugendkleid am ganzen Körper deutlich gestrichelt, Grundfarbe hellbraun.

Stimme: Gesang ist ein hektisches, hohes, rasches, quietschendes Zwitschern. Bei hoher Erregung wird breit „dschäi“ gerufen. Typischer Flugruf ist ein hohes, kurzes Trillern „tirr“.

Ähnliche Arten: Zur Unterscheidung von anderen Finken mit Gelb im Gefieder siehe Fotos.

Erlenzeisig *Spinus spinus* (→ 615)

J F M A M J J A S O N D

En: Eurasian Siskin
Fr: Tarin des aulnes
Es: Jilguero Lúgano
It: Lucherino

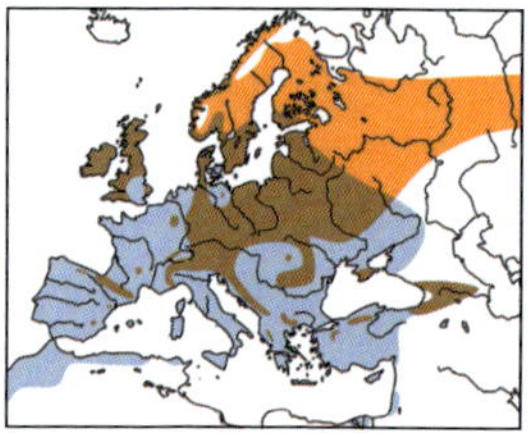

Kleiner, grünlicher bis gelblicher Fink mit langem, spitzem Schnabel und breitem gelbem Flügelstreif.

Status: Lückig verbreiteter, häufiger Brutvogel, sehr häufiger Durchzügler und Wintergast.

Kleider: Adulte Männchen mit schwarzer Kappe und kleinem schwarzem Latz (im Herbst jeweils mit hellen Federsäumen, die später abnutzen). Ad. Weibchen oberseits ebenfalls grüngelb, aber ohne schwarze Kappe und schwarzen Kehllatz. Im Jugendkleid Oberseite nur sehr schwach grünlich, aber kräftig gestrichelt.

Stimme: Schneller, anhaltend schwätzender Gesang mit deutlicher Gliederung in Strophen, die mit einem lang gezogenen „däääähˮ abgeschlossen wird, und einigen Imitaten. Typische Rufe sind das etwas wehmütig klingende „tüliˮ und ein Alarmruf wie „zäiˮ. Flugruf kurz und trocken „tetetetˮ.

Ähnliche Arten: Zur Unterscheidung von anderen Finken mit Gelb im Gefieder siehe Fotos.